G. Fasching, H. Hauser, W. Smetana

Werkstoffe für die Elektrotechnik

Aufgabensammlung

Zweite, verbesserte Auflage

Springer-Verlag Wien New York

o. Univ.-Prof. Dipl.-Ing. Dr. techn. habil. Gerhard Fasching
Univ.-Doz. Dipl.-Ing. Dr. techn. Hans Hauser
Dipl.-Ing. Dr. techn. Walter Smetana
Institut für Werkstoffe der Elektrotechnik,
Technische Universität Wien, Österreich

Satz: Reproduktionsfertige Vorlage der Autoren
Druck und Bindearbeiten:
Druckerei zu Altenburg GmbH, D-04600 Altenburg

Gedruckt auf säurefreiem, chlorfrei gebleichtem Papier – TCF

Mit 18 Abbildungen

Die Deutsche Bibliothek – CIP-Einheitsaufnahme

Fasching, Gerhard:
Werkstoffe für die Elektrotechnik : Mikrophysik, Struktur,
G. Fasching. – Wien ; New York : Springer.
Aufgabensammlung. G. Fasching; H. Hauser; W. Smetana. –
2., verb. Aufl. – 1995
ISBN 978-3-211-82684-3

ISBN 978-3-211-82684-3 Springer-Verlag Wien New York
ISBN 978-3-211-82684-3 1. Aufl. Springer-Verlag Wien New York
ISBN 978-3-211-82684-3 1st ed. Springer-Verlag New York Wien

Vorwort

Die Werkstoffwissenschaft setzt sich zum Ziel, die für die Praxis wichtigen, makroskopisch in Erscheinung tretenden Materialeigenschaften aus dem Aufbau der Materie abzuleiten oder zumindest verständlich zu machen. Die vorliegende Aufgabensammlung soll dazu anregen, diesen Themenkreis aktiv durchzuarbeiten und ihn auf diese Weise zu vertiefen und zu ergänzen. Es sind hier Beispiele zusammengestellt, die im Rahmen der Lehrveranstaltung *Grundlagen der Werkstoffwissenschaft* an der Technischen Universität Wien für Hörer der elektrotechnischen Studienrichtungen behandelt wurden. Die Themenauswahl überstreicht die einfachsten Grundbegriffe der Mikrophysik und den Aufbau der Stoffe, beleuchtet metallische, nichtmetallische und organische Werkstoffe und wendet sich den mechanischen, thermischen, elektrischen und magnetischen Werkstoffeigenschaften zu. Die Themenschwerpunkte orientieren sich dabei an der Praxis der Elektrotechnik. Die vorliegende Aufgabensammlung baut stoffmäßig auf dem Buch *Werkstoffe für die Elektrotechnik* von G. FASCHING auf; nach dem Durcharbeiten dieses Lehrstoffes sollten die Beispiele im Alleingang lösbar sein.

Um bei der Lösung der Aufgaben aber noch eine weitere Hilfestellung zu geben, sind — abgesehen von den jeweiligen Kapiteln — nach dem Angabentext die einschlägigen Themen und Gleichungsnummern des genannten Lehrbuches angegeben, die man allenfalls zu Rate ziehen wird. Bei einigen Beispielen sind darüber hinaus auch Lösungshinweise angeführt. Manchmal gibt es auch mehrere Lösungswege; sie bieten eine willkommene Möglichkeit einer weiteren Kontrolle des Ergebnisses. Zur Lösung einer Aufgabe gehört es auch immer, sich über die allfälligen Voraussetzungen und Vernachlässigungen ins klare zu kommen und zu prüfen, ob man sie zu Recht eingeführt hat. Von besonderer Wichtigkeit ist es auch, das Ergebnis der Aufgabe zu interpretieren und es sich im Zusammenhang mit anderen, bekannten Sachverhalten zu veranschaulichen.

Bei der Entstehung und Durcharbeitung dieser Aufgabensammlung haben seit Jahren auch mehrere Mitarbeiter des Institutes beigetragen; ihnen gebührt unser Dank. Auch manche altbekannte Beispiele haben in unsere Sammlung Eingang gefunden. Ebenso hat eine große Zahl Studierender durch wertvolle Anregungen einen Beitrag geleistet. Herr Kremser hat in dankenswerter Weise noch einmal alle Beispiele sorgfältig durchgesehen und überprüft. Weiters ist es uns ein Anliegen, Frau Gertrude Nowotny und Herrn Thomas Zottl für das Setzen des Textes zu danken.

Wien, im Jänner 1995

G. FASCHING
H. HAUSER
W. SMETANA

Inhaltsverzeichnis

1. Grundlagen der Quantenmechanik 9

2. Atomkern und Atomhülle 13

3. Bindungskräfte 17

4. Gase und Flüssigkeiten 19

5. Kristalle 21

6. Metallische Werkstoffe 27

7. Nichtmetallisch anorganische Werkstoffe, Keramik 32

8. Organische Werkstoffe, Kunststoffe 34

9. Mechanische Werkstoffeigenschaften 36

10. Thermische Werkstoffeigenschaften 40

11. Elektrische Eigenschaften der Halbleiter 46

12. Elektrische Eigenschaften der Metalle 58

13. Elektrische Eigenschaften der Isolatoren 62

14. Magnetische Werkstoffeigenschaften 68

Literatur 82

1. Grundlagen der Quantenmechanik

Die elektronische Struktur der Materie sowie die Bindungszustände sind wesentlich für die makroskopischen Werkstoffeigenschaften verantwortlich. Das Verhalten submikroskopischer Teilchen bestimmt beispielsweise die Leitungsmechanismen, den Ferromagnetismus sowie die Eigenschaften der Halbleiter und kann mittels der Quantenmechanik beschrieben werden.

1.1 Heisenbergsche Unschärferelation

a) Geben Sie die Heisenbergsche Unschärferelation an und erläutern Sie, was diese Beziehung aussagt.

b) Beschreiben Sie ein Gedankenexperiment, welches den physikalischen Sachverhalt, der durch die Heisenbergsche Unschärferelation beschrieben wird, erläutert.

c) Rechnen Sie zwei geeignet gewählte, extreme Beispiele durch (physikalische Größen mit Dimensionen einsetzen!) und zeigen Sie, in welchen physikalischen Bereichen dieses Gesetz besonders zur Wirkung kommt.

Thema:	*Die Unschärferelation als Randbedingung.*
Gleichung(en):	(1.3), (1.4), (1.6)
Lösung:	a) $\Delta p_x \cdot \Delta x \geq h$
	b) Verfälschung des Teilchenimpulses bei der Ortsmessung
	c) $\Delta p = m \cdot \Delta v \rightarrow \Delta x \geq \frac{h}{m \cdot \Delta v}$

1.2 Wellenfunktion und Wahrscheinlichkeitsdichte

Es ist eine Wellenfunktion $\psi(r) = r \cdot e^{-ar}$ gegeben.

Berechnen Sie für ein Elektron jene Stelle, an der es sich mit größter Wahrscheinlichkeit aufhält.

Diskutieren Sie die Wahrscheinlichkeitsdichte für $r = 0$ und $r = \infty$.

Stellen Sie weiters die Besetzungswahrscheinlichkeit als eine Funktion von r graphisch dar.

Thema:	*Die Schrödingergleichung.*
Gleichung(en):	(1.7)
Lösung:	$r(P_{\max}) = 1/a$
	$P(0) = P(\infty) = 0$
	$P(r) = r^2 \cdot e^{-2ar}$

1.3 Zeitunabhängige Schrödingergleichung

Führt man als allgemeinen Ansatz für eine stationäre Welle den Ausdruck

$$\psi(x, t) = \psi(x)e^{kt}$$

in die Schrödingergleichung

$$-\frac{h^2}{8\,\pi^2\,m}\left(\frac{\partial^2\psi(x,\,t)}{\partial x^2}\right) + V(x)\cdot\psi(x,\,t) = -\frac{h}{2\,\pi\,j}\cdot\frac{\partial\psi(x,\,t)}{\partial t}$$

ein, dann kann man die zeitunabhängige Schrödingergleichung ableiten.

a) Bestimmen Sie den Koeffizienten k derart, daß auf der rechten Seite der Schrödingergleichung die Funktion $\psi(x)$ nur mit einem konstanten Faktor E (Gesamtenergie des bewegten Teilchens) multipliziert erscheint.

b) Zeigen Sie, daß der getroffene Ansatz für submikroskopische Teilchen auf eine Wahrscheinlichkeitsdichte führt, die an jedem Raumpunkt zeitlich konstant ist.

c) Geben Sie die zeitunabhängige Schrödingergleichung an.

Thema: *Die Schrödingergleichung.*
Gleichung(en):   (1.7), (1.8), (1.9), (1.10), (1.12)
Lösungshinweis: a) Den Koeffizienten k erhält man durch einen Koeffizientenvergleich.

               b) $\underline{Z}\cdot\underline{Z}^* = |\underline{Z}|^2$

               c) Ansatz für $\psi(x,\,t)$ ergibt, in die Schrödingergleichung eingesetzt, bei Anwendung des Ergebnisses a) die zeitunabhängige Schrödingergleichung.

Lösung: a) $k = -\frac{2\pi j E}{h}$

               b) $P(x,\,t) = \psi(x,\,t)\cdot\psi^*(x,\,t) = \psi(x)^2$

               c) $-\frac{h^2}{8\pi^2 m}\cdot\frac{\partial^2\psi(x)}{\partial x^2} + \bigl(V(x) - E\bigr)\cdot\psi(x) = 0$

1.4 Quantisierung der Energie

Zeigen Sie, auf welche Weise die Schrödingergleichung auf quantisierte Energiewerte führt. Beschreiben Sie die im Ergebnis vorkommenden Größen und geben Sie deren Dimensionen an.

Zeitunabhängige Schrödingergleichung: $\frac{\partial^2\psi(x)}{\partial x^2} + \frac{8\pi^2 m(E - V(x))}{h^2}\cdot\psi(x) = 0$

Thema: *Die Quantisierung der Energie.*
Gleichung(en):   (1.14), (1.15), (1.16), (1.17), (1.18), (1.20), (1.22)
Lösung: $E_n = \frac{h^2}{8 m x_1^2}\cdot n^2$

1.5 Potentialfunktion

Bei der Besprechung der Quantisierung der Energie haben wir ein Elektron durch die Potentialfunktion

$$V(x) = \infty \quad \text{für } x < 0$$
$$V(x) = 0 \quad \text{für } 0 \leq x \leq x_1$$
$$V(x) = \infty \quad \text{für } x > x_1$$

in einem eindimensionalen Käfig gefangen gehalten. Im Bereich des Topfbodens ($0 \leq x \leq x_1$) lautet die zeitunabhängige Schrödingergleichung somit

$$\frac{\partial^2 \psi(x)}{\partial x^2} + \frac{8\,\pi^2\,m\,E}{h^2} \cdot \psi(x) = 0$$

Zeigen Sie, daß sich die Lösung der zeitunabhängigen Schrödingergleichung bei Außerachtlassen der Nebenbedingungen (für $x < 0$ und $x > x_1$) als Kombination von Sinus- und Kosinusfunktionen ausdrücken läßt.

Thema: *Die Quantisierung der Energie.*
Gleichung(en):   (1.15), (1.16)
Lösungshinweis: Setzen Sie den Ansatz $\psi(x) = A \cdot \sin \omega x + B \cdot \cos \omega x$ in die zeitunabhängige Schrödingergleichung ein.
Lösung: $\psi(x) = A \cdot \sin\left(\frac{\sqrt{8\pi^2 m E}}{h} \cdot x\right) + B \cdot \cos\left(\frac{\sqrt{8\pi^2 m E}}{h} \cdot x\right)$

1.6 Wanderwelle

Wenden Sie die Schrödingergleichung auf das freie Teilchen an und berechnen Sie die Gleichung der resultierenden Wanderwelle. Zeigen Sie, wie man hieraus die de Brogliesche Beziehung und die Einsteinsche Beziehung erhält.
Zeitunabhängige Schrödingergleichung: $\frac{\partial^2 \psi(x)}{\partial x^2} + \frac{8\pi^2 m}{h^2} \cdot (E - V(x)) \cdot \psi(x) = 0$

Thema: *Das freie Teilchen.*
Gleichung(en):   (1.12), (1.29), (1.30), (1.31), (1.33), (1.35), (1.37), (1.38)
Lösung: $\psi(x,\, t) = \exp\left(j\left(\frac{\sqrt{8\pi^2 m E}}{h} x - \frac{2\pi E}{k} t\right)\right) = \exp\left(j(kx - \omega t)\right)$

$$x = 0 \rightarrow \psi = e^{-j\omega t}, \quad T = \frac{2\pi}{\omega} = \frac{1}{\nu} \rightarrow E = h \cdot \nu$$

$$t = 0 \rightarrow \psi = e^{jkx}, \quad \lambda = \frac{2\pi}{k} \rightarrow \lambda = \frac{h}{p}$$

1.7 Einsteinsche Beziehung

In der Röntgenröhre werden Elektronen durch die zwischen Kathode und Anode liegende Spannung auf eine hohe Geschwindigkeit gebracht und beim Auftreffen auf die Anode bis zum Stillstand abgebremst. Die kinetische Energie des Elektrons verwandelt sich dabei in Röntgenstrahlung (Bremsstrahlung).

a) Welche Wellenlänge hat diese Röntgenstrahlung, wenn an der Röhre 80 kV liegen?

b) Was geschieht, wenn die Elektronen nicht bis zum Stillstand abgebremst werden?

Thema: *Das freie Teilchen.*
Gleichung(en):   (1.40), (1.41)
Lösungshinweis: Das Elektron erhält in der Röhre die kinetische Energie $e \cdot U$. Die Wellenlänge der Röntgenstrahlung folgt aus der

Einsteinschen Beziehung. Bei nicht vollständiger Abbremsung wird nur ein Teil der kinetischen Energie in Strahlungsenergie umgewandelt.

Lösung:

a) $\lambda_{\min} = \dfrac{h \cdot c_0}{e \cdot U} = 1,55 \cdot 10^{-11}\,\text{m}$

b) $\lambda_{\min} \leq \lambda < \infty$

2. Atomkern und Atomhülle

Die chemischen Eigenschaften der Elemente hängen ganz eng mit der Konfiguration der Elektronenhülle eines Atoms zusammen. Aus dem Verständnis des Atomaufbaus leitet sich letztlich auch die Wirkungsweise der Bindungsmechanismen und der damit verbundenen Materialeigenschaften ab.

2.1 Energieniveaus im Wasserstoffatom

Leiten Sie die quantisierten Energieniveaus des Wasserstoffatoms aus dem Kräftegleichgewicht zwischen Coulomb- und Zentrifugalkraft für ein um ein Proton kreisendes Elektron ab.

Skizzieren Sie die Lage der ersten vier Energieniveaus.

Was bedeutet $E \geq 0$ für ein Elektron?

Thema: *Das Wasserstoffatom.*
Gleichung(en):   (2.8) ... (2.16)
Lösung: $E_n = -\frac{e^4 m_e}{8 \varepsilon_0^2 h^2} \cdot \frac{1}{n^2}$

2.2 Wasserstoffatom

Beschreiben Sie das Wasserstoffatom.

Begründen Sie, warum quantisierte Energieniveaus vorliegen.

Berechnen Sie den Wert der Energieniveaus für die Hauptquantenzahlen 1, 2 und 3.

Erläutern Sie den Begriff Ionisierungsenergie und berechnen Sie, wie groß diese ist.

Geben Sie explizit an, welche Quantenzahlkombinationen n, l, m und s auf die oben berechneten Energieniveaus (der Hauptquantenzahl 1, 2 und 3) führen.

Wie berechnet man allgemein den Grad der Entartung beim Wasserstoffatom?

(Energieniveaus im Wasserstoffatom: $E_n = -\frac{e^4 m_e}{8 \varepsilon_0^2 h^2} \cdot \frac{1}{n^2}$)

Thema: *Das Wasserstoffatom.*
Gleichung(en):   (2.8), (2.9), (2.11), (2.12), (2.13), (2.14), (2.15), (2.16),
                        (2.17), (2.25)
Lösung: $E_1 = -2,18 \cdot 10^{-18}$ J   (E_1 ist die Ionisierungsenergie)
                        $E_2 = -0,55 \cdot 10^{-18}$ J
                        $E_3 = -0,24 \cdot 10^{-18}$ J
                        Quantenzahlenkombinationen:
                            $n = 1$: $l = 0$; $m = 0$; $s = \pm\frac{1}{2}$
                            (2 Kombinationen)

$$n = 2: \; l = 0, 1; \; m = 0, \pm 1; \; s = \pm \tfrac{1}{2}$$
$$\text{(8 Kombinationen)}$$
$$n = 3: \; l = 0, 1, 2; \; m = 0, \pm 1, \pm 2; \; s = \pm \tfrac{1}{2}$$
$$\text{(18 Kombinationen)}$$
$$\text{Grad der Entartung: } 2n^2$$

2.3 Absorptionsspektrum des Wasserstoffatoms

Wasserstoff absorbiert im Grundzustand keinerlei Licht im sichtbaren Bereich, sondern erst im äußersten Ultraviolettbereich. $\lambda = 1216 \cdot 10^{-10}$ m ist die Wellenlänge der langwelligsten Absorptionslinie, die man im Experiment feststellen konnte.

Überprüfen Sie, ob dieses experimentelle Ergebnis auch theoretisch zu erwarten war.

(Energieniveaus im Wasserstoffatom: $E_n = - \frac{e^4 m_e}{8 \varepsilon_0^2 h^2} \cdot \frac{1}{n^2}$)

Themen: *Das freie Teilchen; das Wasserstoffatom.*

Gleichung(en):   (1.40), (2.16)

Lösungshinweis: Die langwelligste Absorptionslinie entspricht beim Wasserstoff einem Elektronenübergang von der ersten zur zweiten Schale.

Lösung: $\lambda_{\max} = \frac{c}{\nu_{12}} = \frac{c}{(E_2 - E_1)/h} = 1{,}22 \cdot 10^{-7}$ m (122 nm)

2.4 Periodensystem der Elemente

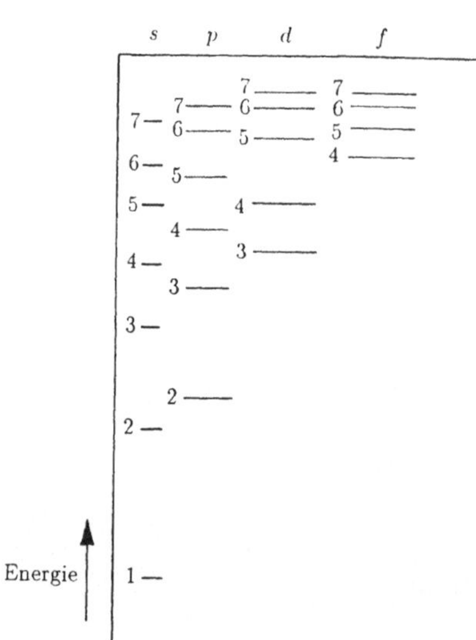

Die Abbildung zeigt schematisiert die Energieniveaus der unterschiedlichen Quantenzustände im Atom. Entwickeln Sie daraus eine Tabelle der Elektronenkonfiguration für die ersten 36 Elemente (H, He, Li, Be, B, C, N, O, F, Ne, Na, Mg, Al, Si, P, S, Cl, Ar, K, Ca, Sc, Ti, V, Cr, Mn, Fe, Co, Ni, Cu, Zn, Ga, Ge, As, Se, Br, Kr). Ordnen Sie diese Elemente in einer anderen geeigneten Aufstellung nach ihren chemischen Eigenschaften an und geben Sie eine Begründung für die Eigenschaftsähnlichkeit.

Was besagt die relative Atommasse und warum ist sie nicht ganzzahlig? Wie berechnet man die absolute Atommasse? Überprüfen Sie, ob in Ihrer Gleichung die Dimensionen stimmen.

| Thema: | *Konfiguration der Elektronenhülle und Periodisches System.* |

2.5 Das Stern-Gerlach-Experiment

Erläutern Sie anhand einer Skizze das Experiment von Stern und Gerlach.
Wie erreicht man eine gleich große Geschwindigkeit aller Teilchen?
Was sind die Folgerungen aus diesem Experiment?

| Themen: | *Atomkern und Atomhülle; Die Geschwindigkeitsverteilung (Gase und Flüssigkeiten).* |

2.6 Chemische Verhältnisse

Ein Oxid des Europiums enthält 86,4 Masseprozent Europium. Wie lautet
seine einfachste chemische Formel?

	Europium	Sauerstoff
rel. Atommasse	151,97	16,00

| Thema: | *Konfiguration der Elektronenhülle und Periodisches System.* |
| Lösung: | Eu_2O_3 |

2.7 Relative Atommasse

Sorgfältig gereinigtes Silber wurde in Silbernitrat ($AgNO_3$) verwandelt und
das Gewichtsverhältnis zu $1 : 1,575$ bestimmt.
Berechnen Sie die relative und absolute Atommasse von Silber, wenn Ihnen
aus Gasdichtemessungen die relative Masse von Stickstoff (14) und jene von
Sauerstoff (16) bekannt sind. Was versteht man unter dem Massendefekt?

| Thema: | *Konfiguration der Elektronenhülle und Periodisches System.* |
| Lösung: | $A_r\,(Ag) = 108$, $m_{Ag} = 17,9 \cdot 10^{-23}\,g$ |

2.8 Masse des Atoms

a) Was gibt die Loschmidtsche Zahl an?
b) Wie kann man die absolute Masse eines Atoms berechnen?
c) Was besagt der Zahlenwert der relativen Atommasse?

| Thema: | *Konfiguration der Elektronenhülle und Periodisches System.* |
| Lösung: | a) Die Loschmidtsche Zahl gibt die Anzahl der Atome je Mol bei einem chemisch einheitlichen Stoff an. |

b) $m_{\mathrm{abs}} = \frac{A}{L}$ $A \ldots$ relative Atommasse: $[A] = \mathrm{g/mol}$
$L \ldots$ Loschmidtsche Zahl: $[L] = 1/\mathrm{mol}$

c) Die relative Atommasse besagt, um welchen Faktor die Masse eines Atoms größer als $\frac{1}{12}$ der Masse des Kohlenstoffisotops ^{12}C ist (Mittelwertbildung bei Isotopengemischen).

3. Bindungskräfte

Die unterschiedlichen Bindungsmechanismen gewährleisten den Zusammenhalt der Atome im Molekül sowie das Aneinanderhaften der einzelnen Moleküle. Sie sind für das makrophysikalische Werkstoffverhalten weitgehend verantwortlich. Die anziehenden Kräfte sind stets elektrostatischer Natur, während abstoßende Kräfte in der Quantenmechanik begründet sind.

3.1 Kräfte im Kristallgitter

Leiten Sie aus einem Ansatz für die potentielle Energie die zwischen den Atomen wirkenden Kräfte her. Erläutern Sie den Ansatz und das Ergebnis anhand von Skizzen.

Thema: *Bindungskräfte.*
Gleichung(en):   (3.1), (3.4)
Lösung: $\vec{F} = -\mathrm{grad}\left(-\frac{\alpha}{r^n} + \frac{\beta}{r^m}\right) = \left(-\frac{\alpha n}{r^{n+1}} + \frac{\beta m}{r^{m+1}}\right)\cdot \mathrm{grad}\, r$

3.2 Ionenbindung

Man erläutere den Mechanismus der Ionenbindung und die Bildung von Ionenkristallen.
Gehen Sie insbesondere auf NaCl ein.
Zeigen Sie, wie die charakteristischen Eigenschaften der Ionenkristalle mit dem Gitteraufbau zusammenhängen.

Thema: *Die Ionenbindung.*

3.3 Kovalente Bindung

Beschreiben Sie den Mechanismus der kovalenten Bindung und erläutern Sie ihn anhand von Beispielen.

Thema: *Die kovalente Bindung.*

3.4 Metallische Bindung

Erläutern Sie die metallische Bindung.
(Allgemeine Eigenschaften der Metalle. Metallische Bindung am Beispiel von Kalium. Deutung der charakteristischen Metalleigenschaften.)

Thema: *Die metallische Bindung.*

3.5 Molekularpolarisation

Erläutern Sie die Van der Waalsschen Kräfte bei Molekularpolarisation. Leiten Sie die Kraftgleichung ab.

Geben Sie Beispiele an, wo dieser Bindungsmechanismus auftritt. Vergleichen Sie die hier auftretenden Kraftintensitäten mit jenen anderer Van der Waalsscher Kräfte.

Thema: *Van der Waalssche Kräfte.*

3.6 Londonsche Dispersionskräfte

Erläutern Sie die Londonschen Dispersionskräfte. Leiten Sie die Kraftgleichung ab.
Nennen Sie Beispiele, wo dieser Bindungsmechanismus auftritt. Vergleichen Sie die hier auftretenden Kraftintensitäten mit jenen anderer Van der Waalsscher Kräfte.

Thema: *Van der Waalssche Kräfte.*

3.7 Wasserstoff-Brückenbindung

Erläutern Sie die Wasserstoff-Brückenbindung und ihre Konsequenzen.

Thema: *Van der Waalssche Kräfte.*

3.8 Abstoßende Kräfte im Kristallgitter

Erläutern Sie ausführlich, worauf die abstoßenden Kräfte beruhen, die man beobachtet, wenn sich zwei Atome zu nahe kommen.
Was versteht man unter Atom- und Ionenradien und wovon ist ihr Wert abhängig?

Themen: *Bindungskräfte; Abstoßende Kräfte; Atomradien und Ionenradien.*

4. Gase und Flüssigkeiten

Das Verhältnis der zwischenatomaren und der thermischen Kräfte beeinflußt wesentlich die physikalische Erscheinungsform der Stoffe. Während Gase als strukturlos oder amorph erscheinen, existiert beim flüssigen Aggregatzustand eine gewisse Nahordnung. Gase und Flüssigkeiten haben in der Elektrotechnik eine große Bedeutung, wie etwa als Isolierstoffe (SF_6, Trafoöle), zur Funkenlöschung in Schaltern, in der Lichttechnik, in der Laser- und Halbleitertechnologie sowie in der Vakuumtechnik, aber auch als Kühlmittel, um nur einige Anwendungsbereiche zu nennen.

4.1 Ideale Gase
a) Geben Sie die Zustandsgleichung idealer Gase an.
   Erläutern Sie die Bedeutung von Gaskonstante und Boltzmannkonstante.
b) Behandeln Sie Grundgedanken und Voraussetzungen der kinetischen Gastheorie sowie die Gleichung für die kinetische Energie eines Gasteilchens.

Themen: *Das Verhalten idealer Gase; Die kinetische Gastheorie.*

4.2 Maxwellsche Geschwindigkeitsverteilung
a) Erläutern Sie die Ableitung der Maxwellschen Geschwindigkeitsverteilung und stellen Sie $N(v)$ über v graphisch dar.
b) Beschreiben Sie eine zur Messung der Geschwindigkeitsverteilung geeignete Versuchsanordnung.

Thema: *Die Geschwindigkeitsverteilung.*

4.3 Reale Gase
a) Diskutieren Sie anhand eines pV-Diagramms (z.B. für CO_2) die Abweichungen im Verhalten realer Gase gegenüber idealen Gasen, im besonderen die kritische Temperatur.
b) Erklären Sie die Ursachen für diese Abweichungen.
c) Geben Sie die Van der Waalssche Zustandsgleichung an und skizzieren Sie $\frac{p}{p_c}\left(\frac{v}{v_c}\right)$.
   Was bedeuten die dabei verwendeten Größen?

Thema: *Abweichungen von der idealisierten Gasgleichung.*

4.4 Physikalische Eigenschaften von Flüssigkeiten
Erläutern Sie für Flüssigkeiten:
a) die Unterschiede der (vergleichbaren) Eigenschaften zu Gasen
b) die Nahordnungsstruktur

c) die Oberflächenspannung
d) den Dampfdruck

Thema: *Flüssigkeiten.*

4.5 Zustandsgleichung idealer Gase

Berechnen Sie die Dichte von Kohlendioxid (CO_2) bei einer Temperatur von 20°C und einem Druck von 2 bar. Welches Volumen steht im Mittel für 1 Molekül zur Verfügung?
Die relative Atommasse von Kohlenstoff sei 12 und die von Sauerstoff 16. (Physikalische Größen mit Dimension einsetzen!)

Thema: *Das Verhalten idealer Gase.*
Gleichung(en): (4.9)
Lösung: $\varrho_{CO_2} = 3,66 \, \frac{kg}{m^3}$

mittleres Volumen für 1 Molekül:
$\bar{V} = 2,00 \cdot 10^{-26} \, m^3 = 20 \, (nm)^3$

5. Kristalle

Bei diesen räumlich periodischen Anordnungen kann sich eine Fernordnung bis zu den äußeren Grenzen des festen Körpers erstrecken. Ander wichtige elektrotechnische Werkstoffe sind kristallin; wesentliche Materialeigenschaften der Halbleiter-, Keramik- und Magnetwerkstoffe sind darin begründet.

5.1 Kubisch flächenzentriertes Gitter

Berechnen Sie aus der relativen Atommasse (63,54) und aus der Dichte $(8,92\,\text{g/cm}^3)$, welchen Gleichgewichtsabstand zwei Atome im Kupfer-Einkristall haben.

Thema: *Ausgewählte Kristallgeometrien.*
Gleichung(en):   (9.5)
Lösungshinweis: Kupfer kristallisiert in der kubisch flächenzentrierten Modifikation der dichtesten Kugelpackung.
Lösung: $d = 2,56 \cdot 10^{-10}\,\text{m}$

5.2 Modifikationen von MnS

MnS kristallisiert in zwei Modifikationen: in der Natriumchloridstruktur und in der Zinkblendestruktur. Man berechne die Dichte der beiden Modifikationen.

Berücksichtigen Sie in Ihrer Rechnung die Koordinationszahlabhängigkeit der Atomradien.

Relative Atommassen: Mn: 54,94
                        S: 32,06

Ionenradien für Natriumchloridstruktur: r_{Mn}: $0,91 \cdot 10^{-10}\,\text{m}$
                                                r_{S}: $1,74 \cdot 10^{-10}\,\text{m}$

Thema: *Ausgewählte Kristallgeometrien.*
Gleichung(en):   (9.5)
Lösungshinweis: Beachten Sie, daß bei der Modifikation in der Zinkblendestruktur die Schwefelatome aus geometrischen Gründen jeweils im Mittelpunkt von Achtelwürfeln der kfz-Elementarzelle des Mn-Untergitters liegen (oder umgekehrt).
Lösung: NaCl-Struktur: $\varrho = 3,88 \cdot 10^3\,\text{kg/m}^3$
                    Zinkblendestruktur: $\varrho = 3,04 \cdot 10^3\,\text{kg/m}^3$

5.3 Millersche Indizes

1) Beschreibung der Lage von Kristallebenen:
     a) Auf welche Weise gewinnt man die Millerschen Indizes einer Ebene, wenn die Achsenabschnitte der Ebene bekannt sind?

b) Leiten Sie die Millerschen Indizes für eine Ebene mit den Achsenabschnitten $x_1 = 20$, $y_1 = 30$ und $z_1 = 45$ ab.

c) Berechnen Sie im kubischen System die Millerschen Indizes für die Netzebene

$$x + \frac{1}{2}y + \frac{2}{3}z = 0$$

und geben Sie an, in wieviele Teile die drei Kantenlängen der Einheitszelle durch die Netzebenenschar geteilt werden.

d) Was bedeutet $\{1\ 0\ 0\}$?

e) Im kubischen System wurden zwei Ebenen durch $(h\ k\ l)$ und $(\bar{h}\ \bar{k}\ \bar{l})$ beschrieben. Was bedeutet das geometrisch?

f) Welche Millerschen Indizes hat die xy-Ebene im xyz-Koordinatensystem und wie ermittelt man diese aus den Definitionsgleichungen?

2) Erläutern Sie, auf welche Weise kristallographische Richtungen beschrieben werden.

Thema: *Indizierung von kristallographischen Ebenen und Richtungen.*

Gleichung(en):   (5.1), (5.2), (5.3), (5.5), (5.6), (5.7)

Lösung: 1) a) Ebene $(h\ k\ l)$: $h = s_1/x_1$, $k = s_1/y_1$, $l = s_1/z_1$, wobei $s_1 = kgV(x_1,\ y_1,\ z_1)$.

           b) Ebene $(9\ 6\ 4)$

           c) Ebene $(6\ 3\ 4)$

           Die Kantenlängen werden in Richtung der x-Achse in 6, in Richtung der y-Achse in 3 und in Richtung der z-Achse in 4 Teile geteilt.

           d) Achsenpermutation ergibt: $(1\,0\,0)$, $(0\,1\,0)$, $(0\,0\,1)$, $(\bar{1}\,0\,0)$, $(0\,\bar{1}\,0)$, $(0\,0\,\bar{1})$.

           e) Die Ebenen sind parallel $(\bar{h} = -h)$.

           f) $z = 0 \rightarrow$ Ebene durch Ursprung $\rightarrow$ ursprungnächste Ebene durch Punkt $(0, 0, 1) \rightarrow$ Achsenabschnitte $x_1 = y_1 = \infty$ führen auf Millersche Indizes $h = k = 0 \rightarrow$ Ebene $(0\ 0\ 1)$.

        2) Richtung $[u\ v\ w]$: Ortsvektor $(x_2,\ y_2,\ z_2)$; $s_2 = ggT(x_2,\ y_2,\ z_2)$; $u_2 = x_2/s_2$, $v_2 = y_2/s_2$, $w_2 = z_2/s_2$.

5.4 Netzebenen

Was versteht man unter Netzebenen und wie weit sind sie voneinander entfernt (Ableitung)?

Berechnen Sie für Platin (Atomradius: $1{,}387 \cdot 10^{-10}$ m) die Netzebenenabstände der $(1\,0\,0)$-, $(1\,1\,0)$- und $(1\,1\,1)$-Ebenen. (Beachten Sie, daß Platin

einen kubisch flächenzentrierten Kristall bildet.)
Zeichnen Sie in Skizzen die Netzebenenabstände ein.

Thema: *Indizierung von kristallographischen Ebenen und Richtungen.*

Gleichung(en):   (5.13)

Lösungshinweis: $d_{hkl} = \frac{a}{\sqrt{h^2+k^2+l^2}}$ $a \ldots$ Gitterkonstante

Lösung: $d_{100} = 3,92 \cdot 10^{-10}$ m

$d_{110} = 2,77 \cdot 10^{-10}$ m

$d_{111} = 2,26 \cdot 10^{-10}$ m

5.5 Teilchendichte im Kupferkristall

Kupferkristalle haben ein kubisch flächenzentriertes Gitter, und der Kupfer-Atomradius ist in dieser Struktur $r = 1,278 \cdot 10^{-10}$ m. Wieviele Atome pro mm^2 befinden sich auf den (1 0 0)-, den (1 1 0)- und den (1 1 1)-Ebenen?

Themen: *Indizierung von kristallographischen Ebenen und Richtungen; Ausgewählte Kristallgeometrien.*

Lösung: $n_{100} = 1,53 \cdot 10^{13}$ Atome/mm^2

$n_{110} = 1,08 \cdot 10^{13}$ Atome/mm^2

$n_{111} = 1,77 \cdot 10^{13}$ Atome/mm^2

5.6 Dichteste Kugelpackung

Stapelt man mit Atomen dicht gepackte Ebenen übereinander, so kann man zwei verschiedene Kristallstrukturen mit maximaler atomarer Packungsdichte aufbauen.

Man erläutere anhand einer Zeichnung, wie es zu diesen Strukturen kommt und wie sie aussehen.

Die dicht gepackten Ebenen, aus denen sich diese Kristallstrukturen aufbauen, sind in einer Zeichnung hervorzuheben.

Thema: *Ausgewählte Kristallgeometrien.*

5.7 Packungsdichte

Wieviele Atome sind pro Einheitszelle enthalten bei

a) kubisch raumzentriertem,

b) kubisch flächenzentriertem Gitter bzw. bei

c) hexagonal dichtester Kugelpackung?

Begründen Sie ihre Angaben!

Berechnen Sie die Packungsdichten für die genannten Strukturen.

Thema: *Ausgewählte Kristallgeometrien.*

Gleichung(en):   (5.18), (5.20), (5.22)

Lösungshinweis: c) Wegen der dichtesten Kugelpackung bilden jeweils drei benachbarte Atome der Basisebene ein gleichseitiges Dreieck, über dessen Mittelpunkt ein weiteres Atom liegt, welches alle drei Atome berührt. Betrachtet man eine senkrecht auf dieses Dreieck stehende Ebene durch eine Höhenlinie, so kann man den Abstand des vierten Atoms von der Basisfläche berechnen.

Lösung: a) $P = 68\%$

              b) $P = 74\%$

              c) $P = 74\%$

5.8 Modifikation von Titan

Titan kristallisiert in zwei Modifikationen: entweder in hexagonal dichtester Kugelpackung mit einer Basiskantenlänge von $a = 2{,}924 \cdot 10^{-10}$ m, Höhe der Einheitszelle: $h = a \cdot \sqrt{8}/\sqrt{3}$; oder es entsteht eine kubisch raumzentrierte Kristallstruktur mit einer Basiskantenlänge von $a = 3{,}32 \cdot 10^{-10}$ m. Um wieviel Kubikzentimeter pro Gramm unterscheiden sich hierbei die Volumina dieser Modifikationen?

(Relative Atommasse von Ti: 47,9)

Thema: *Ausgewählte Kristallgeometrien.*

Gleichung(en):   (9.5)

Lösungshinweis: Hexagonal dichteste Kugelpackung: Die Mittelpunkte von drei benachbarten Atomen in der Basisfläche bilden mit einem über dem Mittelpunkt des entstandenen gleichseitigen Dreiecks liegenden Atom eine gerade Pyramide, deren Höhe die halbe Höhe der Elementarzelle ist.

Lösung: hexagonal: $\varrho_{\text{hex}} = 4{,}50 \cdot 10^3 \, \frac{\text{kg}}{\text{m}^3}$

                  kubisch raumzentriert: $\varrho_{krz} = 4{,}35 \cdot 10^3 \, \frac{\text{kg}}{\text{m}^3}$

$$\frac{\Delta V}{\Delta m} = 7{,}8 \cdot 10^{-3} \, \frac{\text{cm}^3}{\text{g}}$$

5.9 Umkristallisation von Eisen

Bei einer Temperatur von 910°C verwandelt sich die kubisch raumzentrierte Gitterstruktur des Eisens in eine kubisch flächenzentrierte Gitterstruktur. Bei dieser Temperatur sind die Atomradien $1{,}26 \cdot 10^{-10}$ m für das kubisch raumzentrierte Gitter und $1{,}29 \cdot 10^{-10}$ m für das kubisch flächenzentrierte Gitter.

Berechnen Sie die prozentuelle Volumänderung, die mit diesem Gitterumbau verbunden ist.

Berechnen Sie die prozentuelle Längenänderung.

Thema: *Ausgewählte Kristallgeometrien.*

Gleichung(en): (9.5)

Lösungshinweis: $\Delta V^{[\%]} = \frac{V_2 - V_1}{V_1} \cdot 100$

Lösung: $\Delta V^{[\%]} = -1,43$

$\Delta L^{[\%]} = -0,48$

5.10 Diamantgitter

Berechnen Sie die atomare Packungsdichte des Diamanten.

Thema: *Ausgewählte Kristallgeometrien.*

Gleichung(en): (5.18)

Lösungshinweis: Die Atome im Zentrum der Achtelwürfel liegen auf den Raumdiagonalen der Elementarzelle.

Lösung: $P = 34\,\%$

5.11 Natriumchloridstruktur

Berechnen Sie für MgO aus der Dichte ($3,65\,\text{g/cm}^3$) und aus der atomaren Packungsdichte (0,63) die Ionenradien. MgO kristallisiert in NaCl-Struktur.

	Magnesium	Sauerstoff
rel. Atommasse	24,3	16

Thema: *Ausgewählte Kristallgeometrien.*

Gleichung(en): (5.18), (9.5)

Lösungshinweis: Packungsdichte und Dichte ergeben zwei Gleichungen für die beiden unbekannten Ionenradien. (Beachten Sie, daß das Sauerstoffion durch seine negative Ionisierung größer als das positiv ionisierte Magnesiumion ist.)

Lösung: $r_{O^{2-}} = 1,32 \cdot 10^{-10}\,\text{m}$

$r_{Mg^{2+}} = 0,77 \cdot 10^{-10}\,\text{m}$

5.12 Zinkblendestruktur

Berechnen Sie die Dichte von ZnS in der Zinkblendestruktur.

	Zink	Schwefel
Ionenradien (KZ=6)	$0,83 \cdot 10^{-8}\,\text{cm}$	$1,74 \cdot 10^{-8}\,\text{cm}$
rel. Atommasse	65,4	32

Thema: *Ausgewählte Kristallgeometrien.*
Gleichung(en):   (9.5)
Lösungshinweis: Aus geometrischen Gründen liegen die Zn-Ionen im Zentrum vonAchtelwürfeln des S-kfz-Untergitters. (Sowohl Zn als auch S bilden kfz-Untergitter, die um ein Viertel der Raumdiagonale gegeneinander verschoben sind.)
Lösung: $\varrho_{ZnS} = 3,72 \cdot 10^3 \,\frac{kg}{m^3}$

5.13 Perowskit-Gitter

a) Wieviel Platz steht im Bariumtitanatgitter dem Titanion zur Verfügung? Berücksichtigen Sie alle Möglichkeiten und nehmen Sie an, daß sich die Barium- und Sauerstoffionen in der Flächendiagonale berühren.
Ionenradien nach Goldschmidt für $KZ = 6$: Ba^{2+} $1,43 \cdot 10^{-10}$ m
                                      O^{2-} $1,32 \cdot 10^{-10}$ m

b) Zeichnen Sie das Bariumtitanatgitter und nennen Sie vier weitere Werkstoffe, der in diesem Gittertyp kristallisiert.

Thema: *Ausgewählte Kristallgeometrien.*
Lösung: a) maximaler Durchmesser des Titanions:
                    $d_{max} = 1,25 \cdot 10^{-10}$ m
              b) $CaTiO_3$, $SrTiO_3$, $CaZrO_3$, $CaAlO_3$

5.14 Modifikation von Kohlenstoff

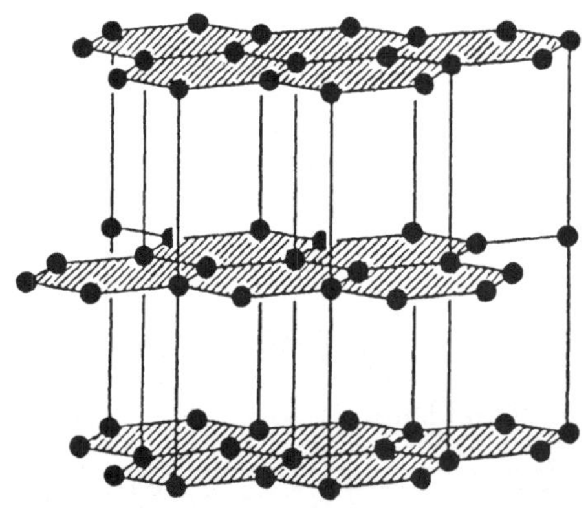

Vergleichen Sie die Dichten von Graphit und Diamant:

a) Berechnen Sie die Dichte von Diamant, wobei der Atomradius $0,773 \cdot 10^{-10}$ m beträgt.

b) Berechnen Sie die Dichte von Graphit (siehe Abbildung) mit einer Distanz der Netzebenen von $d = 3,44 \cdot 10^{-10}$ m und einem Abstand von $a = 1,42 \cdot 10^{-10}$ m zwischen den nächsten Atomen einer Ebene.

Thema: *Ausgewählte Kristallgeometrien.*
Gleichung(en):   (9.5)
Lösung: a) $\varrho_D = 3,51 \cdot 10^3$ kg/m^3
              b) $\varrho_G = 2,21 \cdot 10^3$ kg/m^3

6. Metallische Werkstoffe

Die Metalle zählen zu den wichtigsten technischen Werkstoffen. In der Elektrotechnik haben sie insbesondere in Form von Legierungen als Leiter-, Kontakt- und Magnetwerkstoffe, aber auch als Lote und intermetallische Verbindungen Bedeutung.

6.1 Teilchendichte in der SnPb-Legierung

Wieviele Bleiatome sind in einem Kubikzentimeter einer Legierung mit 40 Masseprozent Sn und 60 Masseprozent Pb enthalten?

	Zinn	Blei
Dichte	$7,31\,\mathrm{g\,cm^{-3}}$	$11,35\,\mathrm{g\,cm^{-3}}$
rel. Atommasse	–	207,19

Thema: *Legierungen.*
Lösung: $n = 1,62 \cdot 10^{22}$ Atome/cm^3

6.2 Legierungskonzentrationen

Von einer binären Legierung seien

AP_A der Atomprozentanteil der Komponente A und

AP_B der Atomprozentanteil der Komponente B.

Die entsprechenden relativen Atommassen seien A_A und A_B, bzw. die Dichten ϱ_A und ϱ_B.

Leiten Sie die Zusammenhänge zwischen Atomprozentanteilen und Masseprozentanteilen bzw. Volumprozentanteilen der Komponenten A und B her.

Thema: *Legierungen.*

6.3 Hebelbeziehung

Leiten Sie die Hebelbeziehung für Zweistoff-Phasendiagramme ab.

Erläutern Sie anhand eines Zustandsschaubildes die Vorgänge, die bei Phasenänderungen ablaufen.

Thema: *Legierungen.*
Gleichung(en):   (6.6), (6.7)

6.4 Legierungssysteme

Gegeben sei ein System mit völliger (a, b) bzw. beschränkter (c, d) Löslichkeit im festen und flüssigen Zustand. Behandeln und erklären Sie die folgenden Zustandsdiagramme:

Fall a: Schmelzintervall liegt zwischen Schmelztemperaturen der beiden Legierungsbestandteile.

Fall b: System mit Schmelzpunktminimum.

Fall c: Geben Sie ein Zustandsdiagramm für ein System mit eutektischer Entmischung an.

Fall d: Behandeln Sie ein Zustandsdiagramm, das bei tiefen Temperaturen eine Entmischung zeigt.

Erörtern Sie, wie in solchen Fällen die Kristallstruktur aussieht.

Thema: *Legierungen.*

6.5 PbSn-Legierung

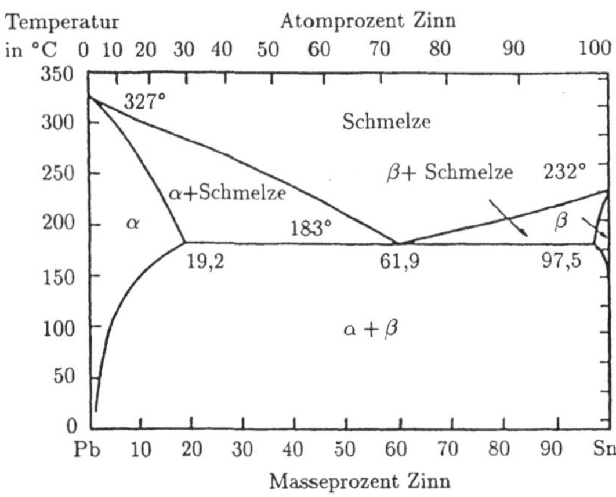

Wie war die Zusammensetzung einer Blei-Zinn-Legierung, wenn bei einer Temperatur von 200°C 40 % feste α-Kristalle und 60 % flüssige Bestandteile vorliegen?

Thema: *Legierungen.*

Lösung: in Masseprozent: 39, 6 % Sn
60, 4 % Pb

6.6 System mit eutektischer Entmischung

Diskutieren Sie kurz ein allgemeines Legierungssytem mit *vollkommener Löslichkeit im flüssigen und beschränkter Löslichkeit im festen Zustand* (Skizzen).

Spezialisiern Sie Ihre Ausführungen für *eutektische Systeme* (Zustandsdiagramm, Erstarrungskurven und Erläuterungen).

Was ist ein *Eutektikum*, wann tritt es auf/tritt es nicht auf, wie ist es aufgebaut?

Thema: *Legierungen.*

6.7 SiBe-Legierung

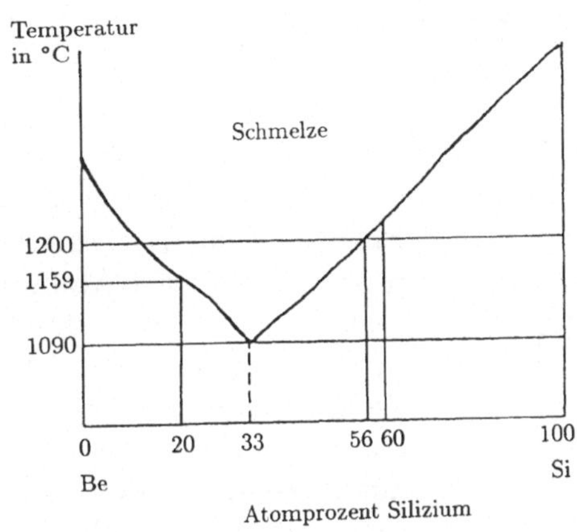

Die Abbildung zeigt das Si-Be-Zustandsschaubild.
Berechnen Sie die Mengenverhältnisse der im Gleichgewicht stehenden Phasen und geben Sie deren Zusammensetzung an.
($A_{Si} = 28,09$, $A_{Be} = 9,01$)

a) In einer 20 % Si + 80 % Be-Legierung bei der eutektischen Temperatur,

b) in einer 60 % Si + 40 % Be-Legierung bei 1200°C,

c) in einer 60 % Si + 40 % Be-Legierung im völlig erstarrten Zustand.

Thema: *Legierungen.*

Lösungshinweis: Die Hebelbeziehung führt bei Angabe der Legierungskonzentration in Atomprozent auf ein Verhältnis von Teilchenzahlen.

Lösung:
a) 39,4 % Be-Kristalle
   60,6 % Eutektikum (33 % Si, 67 % Be)

b) 9,1 % Si-Kristalle
   90,9 % Schmelze (56 % Si, 44 % Be)

c) 59,7 % Eutektikum (33 % Si, 67 % Be)
   40,3 % Si-Kristalle

6.8 Peritektisches System

Zeichnen Sie das Zustandsdiagramm eines peritektischen Systems und geben Sie an, welche Phasen im jeweiligen Bereich vorliegen. Erläutern Sie die typischen Erstarrungsvorgänge.

Thema: *Legierungen.*

6.9 Intermetallische Verbindungen

Was sind intermetallische Verbindungen und welche Eigenschaften haben sie?
Erläutern Sie die Kristallstrukturen der Magnesium-Blei- und der Gold-Kupfer-Metallide.

Wie sehen Zustandsdiagramme von Legierungen aus, die intermediäre Phasen bilden können?
Behandeln Sie typische Erstarrungsvorgänge.

Thema: *Legierungen.*

6.10 AgCu-Legierung

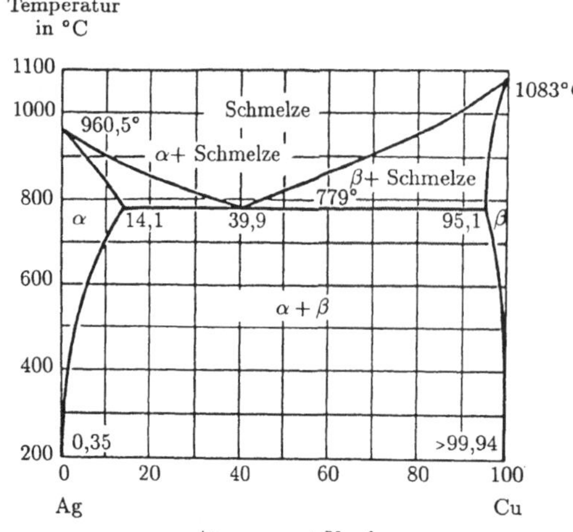

Eine Legierung mit 94 Atomprozent Ag und 6 Atomprozent Cu wird von 1000°C herab langsam abgekühlt. Welche Phasen werden durchlaufen? Zeichnen Sie die Abkühlungskurven der obigen sowie der eutektischen Zusammensetzung.

Geben Sie an, welche Zusammensetzung die einzelnen Phasen bei 920°C, 800°C und 500°C haben. Welche Schlüsse können Sie hierbei aus der Hebelbeziehung ziehen?

Thema: *Legierungen.*

Lösungshinweis: Beim Rechnen in Atomprozent führt die Hebelbeziehung auf Teilchenzahlen.

Lösung:

$\vartheta = 920°C$: $\dfrac{n\,(\text{Schmelze})}{n\,(\alpha-\text{Mischkr.})} = 1$

50 % Schmelze: 8 % Cu (92 % Ag)
50 % α-Mischkr.:   4 % Cu (96 % Ag)

$\vartheta = 800°C$:

α-Mischkr.: 6 % Cu (94 % Ag)

$\vartheta = 500°C$: $\dfrac{n\,(\alpha-\text{Mischkr.})}{n\,(\beta-\text{Mischkr.})} = 31$

96,9 % α-Mischkr.: 3 % Cu (97 % Ag)
3,1 % β-Mischkr.: 99 % Cu (1 % Ag)

6.11 AuSn-Legierung

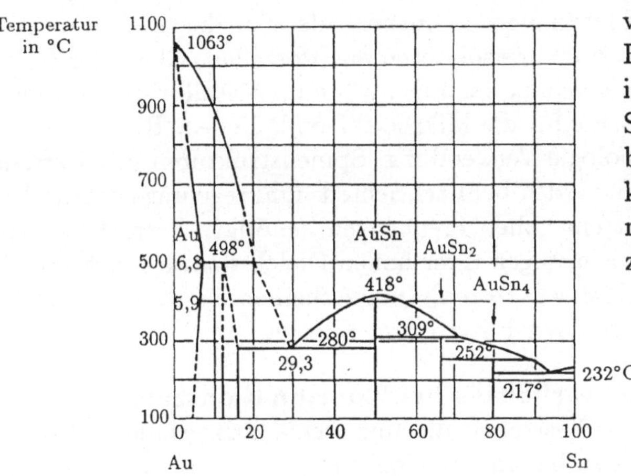

Das Zustandsdiagramm von AuSn zeigt eine Reihe von intermetallischen Verbindungen. Skizzieren und beschreiben Sie die Abkühlungskurven für Legierungen mit 40 und 70 Atomprozent Zinn.

Thema: *Legierungen.*

7. Nichtmetallisch anorganische Werkstoffe, Keramik

Die Bedeutung dieser Materialien ist insbesondere in der Elektrotechnik äußerst vielfältig. Hochspannungsisolatoren aus Porzellan, Glas oder Glimmer werden in der Energietechnik benötigt, während Metalloxidkeramiksorten und Gläser als Substrate für die Mikroelektronik dienen. Rubinkristalle finden in der Lasertechnologie Verwendung, Spinellstrukturen mit ferrimagnetischen Eigenschaften werden bei nachrichten- und regelungstechnischen Anwendungen bis zu extrem hohen Frequenzen benötigt. Ferroelektrische Titanverbindungen kommen wegen ihrer hohen Dielektrizitätskonstante als Dielektrikum von Chip-Kondensatoren, Quarzscheiben als präzise Schwingungsgeber und in hochwertigen Filtern zum Einsatz.

7.1 Ideales Ionenradienverhältnis bei Koordinationszahl 3

In der keramischen Phase bestreben die unterschiedlich geladenen Ionen, möglichst viele Nachbarn zu haben. Die Ionengröße und die mögliche Zahl der Nachbarn sind über die Geometrie miteinander verknüpft. Man berechne das ideale Radienverhältnis, wenn die Koordinationszahl 3 ist.

Thema: *Bindungskräfte in der Keramik.*
Lösung: $r/R = 0,155$

7.2 Ideales Ionenradienverhältnis bei Silikaten

In der keramischen Phase bestreben die unterschiedlich geladenen Ionen, möglichst viele Nachbarn zu haben. Die Ionengröße und die mögliche Zahl der Nachbarn sind über die Geometrie miteinander verknüpft. Beispielsweise ordnen sich Silizium und Sauerstoff bei den Silikaten zu Tetraederstrukturen an.
Berechnen Sie das ideale Radienverhältnis der Ionen.

Themen: *Bindungskräfte in der Keramik; Silikatstrukturen.*
Lösungshinweis: Schreiben Sie einem Würfel einen Tetraeder ein. Der Mittelpunkt des kleineren Ions fällt mit dem Zentrum des Würfels zusammen, die größeren Ionen liegen an den Tetraederecken.
Lösung: $r/R = 0,225$

7.3 AX-Gitter

MgO kristallisiert als AX-Gitter. Skizzieren Sie das Kristallgitter und berechnen Sie die atomare Packungsdichte, wenn die Ionenradien von Magnesium $0,78 \cdot 10^{-10}$ m und von Sauerstoff $1,32 \cdot 10^{-10}$ m betragen.
Berechnen Sie weiters die Packungsdichte für das ideale Ionenradienverhältnis.

Thema:	*Dichtgepackte keramische Strukturen.*
Lösung:	NaCl-Gitter

$$P_{MgO} = 63\,\%$$
$$P_{opt} = 79\,\%$$

7.4 Dichtgepackte keramische Struktur

Skizzieren Sie den Gittertyp von

a) Bariumtitanat und

b) Magnesiumoxid.

Beschreiben Sie den Bindungscharakter der beteiligten Stoffe. Gehen Sie auf die silikatische Bindung und den Zusammenhang zwischen partiellem Ionencharakter und Elektronegativitätsdifferenz ein.

Erläutern Sie die Eigenschaften von Bariumtitanat.

Themen: *Ausgewählte Kristallgeometrien; Bindungskräfte in der Keramik; Dichtgepackte keramische Strukturen; Ferroelektrizität.*

7.5 Kaolin-Quarz-Feldspat

Je nach Mischungsverhältnis von Kaolin, Quarz und Feldspat erhält man Keramiksorten mit unterschiedlich physikalischen Eigenschaften. Ordnen Sie im Basisdreieck des Dreistoffsystems in groben Zügen diese Eigenschaften den Mischungsverhältnissen zu. Zeichnen Sie in einem weiteren Basisdreieck des Dreistoffsystems die Lage der wichtigsten Keramiksorten ein.

Nennen Sie einige wichtige keramische Isolierstoffe, die in der Elektrotechnik eingesetzt werden und charakterisieren Sie diese kurz.

Themen: *Ausgewählte Kristallgeometrien; Wichtige keramische Systeme.*

7.6 Magnesiumoxid-Aluminiumoxid-Quarz

Hinsichtlich hoher Temperaturwechselbeständigkeit ist innerhalb des Keramik-Dreistoffsystems MgO-Al_2O_3-SiO_2 der durch die Punkte

$$A: 50\,\%\ MgO, \quad 20\,\%\ Al_2O_3$$
$$B: 60\,\%\ Al_2O_3, \quad 30\,\%\ SiO_2$$
$$C: 10\,\%\ MgO, \quad 70\,\%\ SiO_2$$

abgegrenzte Bereich von besonderem Interesse.

Skalieren Sie dieses Teilkonzentrationsdreieck.

Zeigen Sie, wo dieses Teilkonzentrationsdreieck im Gesamt-Konzentrationsdreieck liegt und beschreiben Sie die wichtigsten Einsatzgebiete und Eigenschaften oxidkeramischer Werkstoffe.

Thema: *Wichtige keramische Systeme.*

8. Organische Werkstoffe, Kunststoffe

Kunststoffe sind als Dielektrika und Isolatoren, auch für höhere Temperaturen, von wesentlicher Bedeutung. Bei der Ummantelung integrierter Schaltkreise und anderer Bauelemente sind Kunststoffe nahezu unersetzlich. Zum Zweck der Gewichtseinsparung werden immer häufiger Verbundwerkstoffe mit erstaunlichen Festigkeitswerten eingesetzt.

8.1 Synthese von Makromolekülen

Ein wichtiger Prozeß in der Kunststofftechnik ist die Synthese der Makromoleküle.

Erläutern Sie anhand von Beispielen die Polymerisation (Startprozeß; Wachstumprozeß; Abbruchprozeß; Effekte, die man während der Polymerisation beobachtet).

Diskutieren Sie anhand von Beispielen die Polykondensation und die Polyaddition.

Thema: *Kunststoffe.*

8.2 Polykondensation von Mylarfolie

Wieviel Gramm Terephtalsäuredimethylester und wieviel Gramm Äthylenglykol sind notwendig, um 1 Mol Mylarfolie (Molmasse $= 992\,\text{g/mol}$) zu erhalten?

(Mol-Verhältnis $n : n$, das Spaltprodukt ist CH_3OH, $m = 2n - 1$)

$$\text{Terephtalsäuredimethylester} \qquad \text{Äthylenglykol}$$

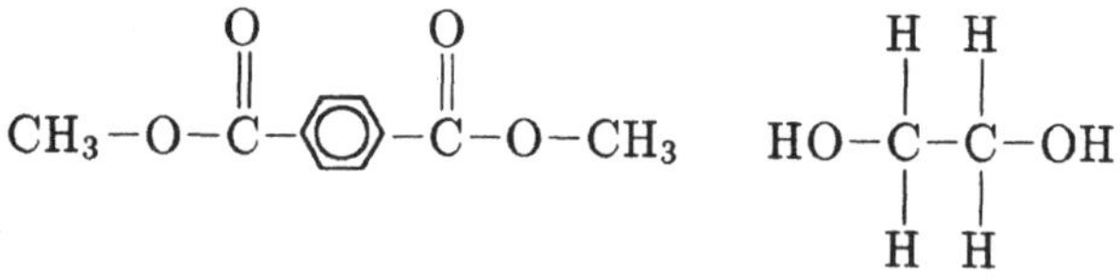

$$CH_3-O-\overset{\overset{O}{\|}}{C}-\bigcirc-\overset{\overset{O}{\|}}{C}-O-CH_3 \qquad HO-\overset{\overset{H}{|}}{\underset{\underset{H}{|}}{C}}-\overset{\overset{H}{|}}{\underset{\underset{H}{|}}{C}}-OH$$

Themen: *Kohlenwasserstoffe; Organische Verbindungen mit typischen funktionellen Gruppen; Kunststoffe.*

Lösung: 970 g Terephtalsäuredimethylester
310 g Äthylenglykol

8.3 Polykondensation von Kunstharz

Zeigen Sie, wie man durch Polykondensation aus Harnstoff ($NH_2.CO.NH_2$) und aus Formaldehyd (CH_2O) ein Polymer bilden kann.

Thema: *Kunststoffe.*

8.4 Struktur und Eigenschaften wichtiger Kunststoffe

Geben Sie überblicksmäßig die Strukturformel sowie typische Eigenschaften von Polyäthylen, Polypropylen, Synthesekautschuk, Polystyrol, Polyvinylchlorid, Polyvinylidenchlorid, Polytetrafluoräthylen, Phenolharz und Silikon an.

Thema: *Kunststoffe.*

8.5 Vulkanisieren von Kautschuk

Nach dem Vulkanisieren erhält man eine Masse von 100 kg vollständig (d.h. bei jedem Butadien-Mer) vernetzten Polybutadien-Kautschuk.
Wieviel Schwefel war notwendig?
Relative Atommasse: Schwefel   32,06
                    Kohlenstoff   12,01
                    Wasserstoff   1,01

Themen: *Kohlenwasserstoffe; Polymerstrukturen und Kunststoffeigenschaften.*

Lösung: $m_s = 37,3\,\mathrm{kg}$

8.6 Polykondensation von Nylon

Durch Polykondensation von Adipinsäure $(CH_2)_4.(COOH)_2$ und Diaminohexan $(CH_2)_6.(NH_2)_2$ entsteht Nylon.
Geben Sie die Strukturformel des Polykondensates an.
Welcher niedermolekulare Stoff wird frei?

Thema: *Organische Verbindungen mit typischen funktionellen Gruppen.*

Lösung: Der gesuchte niedermolekulare Stoff ist H_2O.

8.7 Thermische Eigenschaften von Kunststoffen

Wie erkennt man am molekularen Aufbau eines Kunststoffs, ob es sich um einen Thermodur handelt?
Begründen Sie, ob Polystyrol ein Thermoplast oder ein Thermodur ist.
Was geschieht bei einer Deformation bei höheren Temperaturen?

Themen: *Kunststoffe; Polymerstrukturen und Kunststoffeigenschaften.*

Lösung: Polystyrol ist ein Thermoplast.
              Die Molekülketten gleiten bei höheren Temperaturen bei Deformation aneinander ab, da die Makromoleküle nur durch Van der Waalssche Bindungskräfte und durch ihre verfilzte Struktur zusammengehalten werden.

9. Mechanische Werkstoffeigenschaften

In der Elektrotechnik sind die mechanischen Eigenschaften eines Werkstoffes oft in Verbindung mit anderen Werkstoffeigenschaften von Interesse. In der Energietechnik müssen Isolier- und Leiterwerkstoffe auch entsprechende Festigkeitswerte aufweisen. Die Auslegung von piezoelektrischen und magnetostriktiven Schwingungsanordnungen ist ebenfalls nur durch die Kenntnis der jeweiligen mechanischen Werkstoffeigenschaften möglich.

9.1 Messung mechanischer Materialeigenschaften
a) Diskutieren Sie die physikalischen Größen Masse und Dichte und beschreiben Sie die dazugehörigen Meßmethoden.
b) Behandeln Sie das anelastische Verhalten.
c) Erläutern Sie den Schlagversuch und den Dauerschwingversuch.

Themen: *Masse und Dichte; Elastizität, Plastizität und Härte.*

9.2 Elastische und plastische Verformung
Erklären Sie die Vorgänge bei der elastischen Deformation:
    Was sind Normalspannungen, was sind Schubspannungen?
    Wie sehen die zugehörigen Formänderungen aus?
Erläutern Sie anhand von graphischen Darstellungen die Vorgänge bei der plastischen Deformation:
    Erklären Sie das Schmidsche Schubspannungsgesetz.
    Wie sieht der Deformationsmechanismus im Detail aus?
    Was versteht man unter Zwillingsbildung?

Thema: *Elastizität, Plastizität und Härte.*

9.3 Das Schmidsche Schubspannungsgesetz
Bei einem Kupfereinkristall ist die kritische Schubspannung in $[1\,\bar{1}\,0]$-Richtung auf einer $(1\,1\,1)$-Ebene $\tau = 0,98\,\mathrm{N/mm}^2$.
Wie groß muß die mechanische Spannung in $[1\,0\,0]$-Richtung sein, wenn dadurch ein Gleitvorgang in $(1\,1\,1)$-Kristallebenen ausgelöst werden soll?

Thema: *Elastizität, Plastizität und Härte.*
Gleichung(en): (9.23)
Lösung: $\sigma_{100} = 2,40\,\mathrm{N/mm}^2$

9.4 Elastische Verformung eines Metalles
Ein runder Metallstab hat 9 mm Durchmesser und eine Länge von 250 mm. Unter der Kraft von 11,8 kN dehnt er sich um 0,225 mm und gleichzeitig

verringert sich sein Durchmesser um $0,002\,\text{mm}$. Bestimmen Sie Elastizitäts- und Schubmodul.

Thema: *Elastizität, Plastizität und Härte.*
Gleichung(en):   (9.9), (9.12), (9.13)
Lösung: $E = 206\,\frac{\text{kN}}{\text{mm}^2}$, $G = 82{,}6\,\frac{\text{kN}}{\text{mm}^2}$

9.5 Mechanische Werkstoffprüfung

a) Erläutern Sie, wie man eine Werkstoffprobe im Zugversuch auf ihre Festigkeit prüft. Welche Werkstoffgrößen kann man auf diese Weise ermitteln?

b) Wie untersucht man die Härte einer Probe?

c) Ordnen Sie die folgenden Werkstoffe nach steigender Zugfestigkeit: Aluminium, Aluminiumoxidkeramik, Hartpapier, Molybdän.

Thema: *Elastizität, Plastizität und Härte.*
Lösung: c) Aluminium (geringste Zugfestigkeit)
                         Hartpapier
                         Aluminiumoxid
                         Molybdän (höchste Zugfestigkeit)

9.6 Viskose Substanzen

Erläutern Sie die Stoffeigenschaft Viskosität und geben Sie dafür geeignete Meßverfahren an.

Was versteht man unter Newtonschen, strukturviskosen, dilatanten bzw. Bingham Substanzen?

Thema: *Viskosität.*

9.7 Viskosität von Glas

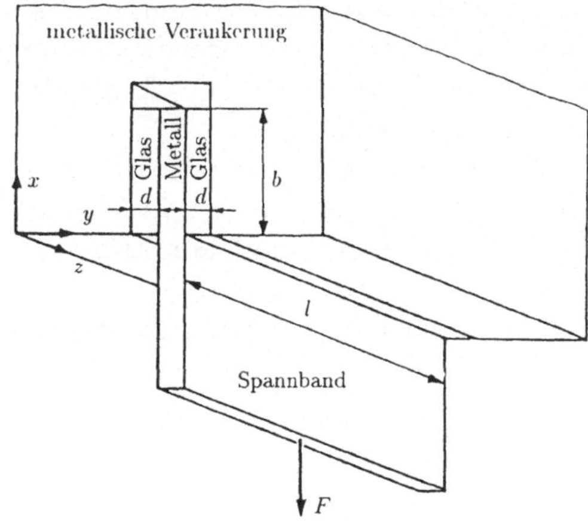

Zur elektrisch isolierenden Aufhängung eines spannungsführenden Teiles bei erhöhter Temperatur wird das skizzierte Konstruktionselement verwendet. Um wieviel Millimeter wird das Spannband nach fünf Jahren Betriebsdauer aus der Verankerung gezogen?

$d = 2\,\text{mm}$, $F = 491\,\text{N}$
$b = 10\,\text{mm}$, $\eta = 10^{15}\,\text{Poise}$
$l = 100\,\text{mm}$

Thema: *Viskosität.*
Gleichung(en):   (9.28)
Lösung: $\Delta z = 0,77\,\mathrm{mm}$

9.8 Viskositätsmessung mit vertikaler Platte

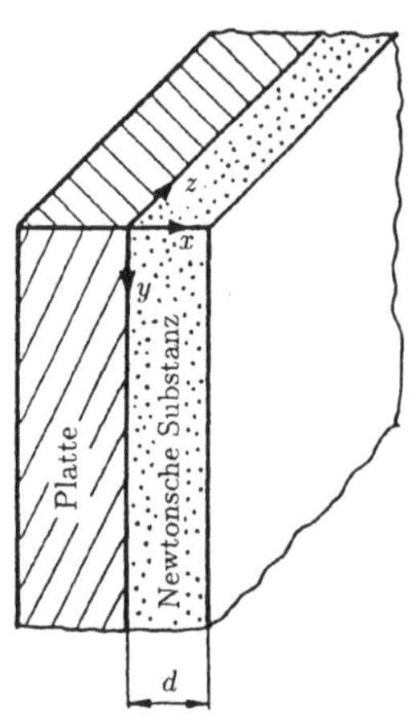

Bei der Messung der Viskosität stehen verschiedene Verfahren in Anwendung, bei denen der zu testenden Flüssigkeit dadurch ein Geschwindigkeitsgradient aufgeprägt wird, indem man sie beispielsweise aus einer Düse oder einer langen Kapillare ausfließen läßt. Studieren Sie anhand des folgenden Beispiels die Verhältnisse, die dabei auftreten:

Eine Newtonsche Substanz mit der Viskosität η und der Dichte ρ läuft in einer Schicht mit der Dicke d über eine vertikale Ebene hinunter. Berechnen Sie die Geschwindigkeit der Substanz in Abhängigkeit vom Plattenabstand und stellen Sie diesen Zusammenhang in einem Diagramm dar.

Thema: *Viskosität.*
Gleichung(en):   (9.28)
Lösungshinweis: Setzen Sie das Eigengewicht eines Volumselementes an und leiten Sie daraus die Schubspannung ab.
Lösung: $U(x) = \frac{\rho \cdot g}{2\eta} \cdot (2\mathrm{d}x - x^2)$

9.9 Viskositätsmessung mit lotrechtem Rohr

Bei der Messung der Viskosität stehen verschiedene Verfahren in Anwendung, bei denen der zu testenden, zähen Flüssigkeit ein Geschwindigkeitsgradient aufgeprägt wird, indem man sie beispielsweise aus einer Düse oder einer langen Kapillare ausfließen läßt. Studieren Sie anhand des folgenden vereinfachten Beispiels die Verhältnisse, die hierbei auftreten:

Gegeben ist eine Newtonsche Substanz mit der Viskosität η und der Dichte ρ, die durch ein sehr langes, lotrechtes Rohr mit dem Innenradius a fließt. Der Druck der Flüssigkeit am Rohranfang ist Null. Es wird laminare Strömung vorausgesetzt.

Berechnen Sie die Durchflußmenge Φ (hindurchfließendes Flüssigkeitsvolumen je Zeiteinheit).

Thema: *Viskosität.*
Gleichung(en):   (9.28)

Lösungshinweis: Setzen Sie das Eigengewicht eines Volumselementes mit dem Radius r an und leiten Sie daraus die Schubspannung ab.

Lösung: $\Phi = \dfrac{\rho g a^4 \pi}{8\eta}$

10. Thermische Werkstoffeigenschaften

Jeder energetische Vorgang ist in vielfältiger Weise mit thermischen Prozessen verbunden. Das Temperaturverhalten in einem integrierten Schaltkreis ist für die Miniaturisierung von essentieller Bedeutung, thermisch angeregte Diffusionsprozesse ermöglichen die Erzielung spezieller Werkstoffeigenschaften, beispielsweise bei Halbleitern Durch Rekristallisation werden kaltgewalzte Transformatorbleche für die Energietechnik hergestellt.

10.1 Messung thermischer Materialeigenschaften

Erläutern Sie die thermischen Werkstoffeigenschaften und geben Sie an, wie man sie meßtechnisch erfassen kann. Gehen Sie insbesondere auf
a) die spezifische Wärme,
b) die thermische Ausdehnung und
c) die Wärmeleitfähigkeit (Spezialfälle: Platte, Rohr, Hohlkugel) ein.
d) Ordnen Sie folgende Werkstoffe nach steigender spezifischer Wärme: Blei, Eisen, Silber und Wasser.
e) Ordnen Sie folgende Werkstoffe nach steigendem thermischen Ausdehnungskoeffizienten: Kupfer, PVC und Quarzglas.
f) Ordnen Sie folgende Werkstoffe nach steigender Wärmeleitfähigkeit: Eisen, Kupfer, Porzellan und Silber.

Themen: *Wärmekapazität; Thermische Ausdehnung; Wärmeleitfähigkeit.*

Lösungshinweis d) $c(H_2O$ bei $14°C) = 4,187 \frac{J}{gK} = 1,000 \frac{cal}{gK}$

Lösung: d) Blei, Silber, Eisen, Wasser
                  e) Quarzglas, Kupfer, PVC
                  f) Porzellan, Eisen, Kupfer, Silber

10.2 Wärmemengenmessung im Dewargefäß

1 kg eines Gemisches von Kupfer und Berylliumpulver wird auf 60°C aufgeheizt und in ein Dewargefäß geschüttet, in dem sich ein Liter H_2O mit einer Temperatur von 20°C befindet. Dadurch erhöht sich die Temperatur des Gefäßinhalts um 7,88°C. In welchem Masseverhältnis war das Pulver gemischt?

Spezifische Wärme: c_{Cu} $= 386 \, Jkg^{-1}K^{-1}$
                      c_{Be} $= \quad 1,99 \, kJkg^{-1}K^{-1}$
                      $c_{H_2O} = \quad 4,19 \, kJkg^{-1}K^{-1} = 1,00 \frac{kcal}{kgK}$

Thema: *Wärmekapazität.*
Gleichung(en):   (10.1), (10.2)
Lösung: $\frac{m_{Cu}}{m_{Be}} = \frac{60}{40} = 1,50$

10.3 Thermische Ausdehnung eines Kristalles

Bei einem hexagonalen Kristall mit $\alpha_z = 5,2 \cdot 10^{-6}\,\mathrm{K}^{-1}$ verhalten sich die Längenausdehnungskoeffizienten gemäß $\frac{\alpha_x}{\alpha_z} = 1,15$.
Wie groß ist die Dichte bei $100°\mathrm{C}$, wenn $\rho(20°\mathrm{C}) = 2,700\,\mathrm{g/cm^3}$ gilt?
Vergleichen Sie das Ergebnis der exakten Berechnung (a) mit der Näherungslösung für kleine α (b).

Themen: *Masse und Dichte; Thermische Ausdehnung.*
Gleichung(en):   (9.4), (10.16)
Lösungshinweis: Exakte Berechnung über Volumen der *EZ*
                  Näherung: $\beta \approx 2\alpha_x + \alpha_z$
Lösung: $\rho_a(100°\mathrm{C}) = \rho_b(100°\mathrm{C}) = 2,696\,\mathrm{g/cm^3}$

10.4 Messung der Wärmeleitfähigkeit nach dem Kugelverfahren

Zur Messung der Wärmeleitfähigkeit ist beim Kugelverfahren der Versuchskörper als Hohlkugel ausgebildet. Das Innere der Hohlkugel ist von einem Heizkörper ausgefüllt. Von außen wird der Versuchskörper gekühlt. Mittels Thermoelementen werden die Temperaturen (T_a, T_i) an zwei Isothermenflächen des Versuchskörpers, deren Radien r_a und r_i sind, bestimmt. Berechnen Sie die Gleichung für die Wärmeleitfähigkeit.
Zeigen Sie weiters, mit welcher Näherungsformel man rechnen kann, wenn sehr kleine Innenradien vorliegen.
(Das Kugelverfahren erfüllt wegen seiner idealen Symmetrie und wegen des Fehlens von Wärmeverlusten die theoretischen Voraussetzungen am besten. Es wird für pulverförmige oder körnige Stoffe verwendet.)
Kugelkoordinaten: $\mathrm{grad}T = \frac{\partial T}{\partial r} \cdot \vec{e}_r + \frac{1}{r \cdot \sin\vartheta} \cdot \frac{\partial T}{\partial \varphi} \cdot \vec{e}_\varphi + \frac{1}{r} \cdot \frac{\partial T}{\partial \vartheta} \cdot \vec{e}_\vartheta$.

Thema: *Wärmeleitfähigkeit.*
Gleichung(en):   (10.18) ... (10.21)
Lösung: $\lambda = \frac{r_a - r_i}{r_a \cdot r_i} \cdot \frac{\Phi}{4\pi} \cdot \frac{1}{T_i - T_a}$
                  $r_i \ll r_a \rightarrow \lambda \approx \frac{1}{r_i} \cdot \frac{\Phi}{4\pi} \cdot \frac{1}{T_i - T_a}$

10.5 Temperaturverlauf in Platte und dickwandigem Rohr

Zur Ermittlung der Wärmeleitfähigkeit muß man den Temperaturverlauf im Inneren des Prüflings kennen. Leiten Sie die folgenden Funktionen aus der dreidimensionalen Wärmeleitungsgleichung her:

a) Welcher Temperaturverlauf ergibt sich im Inneren einer unendlich ausgedehnten Platte der Dicke d, wenn man einen stationären Zustand voraussetzt und die obere Fläche der Platte auf T_1 und die untere Fläche auf T_2 hält?
Kartesische Koordinaten: $\Delta T = \frac{\partial^2 T}{\partial x^2} + \frac{\partial^2 T}{\partial y^2} + \frac{\partial^2 T}{\partial z^2}$.

b) Wie ist der entsprechende Temperaturverlauf bei einem dickwandigen, langen Rohr, wenn die Temperatur der Innenwand (r_1) auf T_1 und die der Außenwand (r_2) auf T_2 gehalten wird?

Zylinderkoordinaten: $\Delta T = \frac{1}{r} \cdot \frac{\partial}{\partial r}(r \cdot \frac{\partial T}{\partial r}) + \frac{1}{r^2} \cdot \frac{\partial^2 T}{\partial \varphi^2} + \frac{\partial^2 T}{\partial z^2}$

Thema: *Wärmeleitfähigkeit.*
Gleichung(en): (10.25)
Lösungshinweis: $\frac{\partial T}{\partial t} = \frac{\lambda}{\rho c_p}\Delta T$

stationärer Zustand: $\frac{\partial T}{\partial t} = 0$

Lösung: a) $T(x) = (T_2 - T_1) \cdot \frac{x}{d} + T_1$

b) $T(r) = \left[T_1 \cdot \ln\frac{r}{r_2} - T_2 \cdot \ln\frac{r}{r_1}\right]/\ln\frac{r_1}{r_2}$

10.6 Die Fickschen Gesetze

Leiten Sie die Diffusionsgesetze her und erklären Sie, was diese Gesetze aussagen.

Erläutern Sie das Tammannsche parabolische Zeitgesetz.

Thema: *Thermisch aktivierte Vorgänge.*

10.7 Diffusion, Erholung und Rekristallisation

a) Erläutern Sie die verschiedenen Diffusionsmechanismen, die im Festkörper möglich sind.

b) Beschreiben Sie die Vorgänge, die bei Erholung und Rekristallisation ablaufen und geben Sie ein Beispiel an, wo diese Vorgänge in der Praxis von großer Bedeutung sind.

Thema: *Thermisch aktivierte Vorgänge.*

10.8 Zinkdiffusion im Kupfer

Zink diffundiert in Kupfer (Einkomponentendiffusion). Hierdurch hat sich im Kupferkristall in Abhängigkeit vom Oberflächenabstand x ein Zink-Konzentrationsgefälle in Masseprozent aufgebaut: $MP_{Zn}(x = 0,9\,\text{cm}) = 10\,\%$, $MP_{Zn}(x = 1,1\,\text{cm}) = 8,33\,\%$.

Wieviele Zinkatome diffundieren pro Sekunde bei einer Temperatur von 1000°C durch eine Niveaufläche, die sich 1 cm von der Oberfläche des Kupferkristalls entfernt befindet?

Diffusionskoeffizient: $D = 10^{-8}\,\text{cm}^2/\text{s}$ bei 1000°C

	Dichte	rel. Atommasse
Zink	$7,13 \cdot 10^3 \frac{\text{kg}}{\text{m}^3}$	65,37
Kupfer	$8,96 \cdot 10^3 \frac{\text{kg}}{\text{m}^3}$	63,54

Umrechnung von Masseprozent in Volumprozent:

$$VP_A = \frac{100\,\%}{1 + \frac{MP_B \cdot \rho_A}{MP_A \cdot \rho_B}} \qquad VP_B = \frac{100\,\%}{1 + \frac{MP_A \cdot \rho_B}{MP_B \cdot \rho_A}}$$

Thema: *Thermisch aktivierte Vorgänge.*

Gleichung(en): (10.27)

Lösungshinweis: $\frac{dc}{dx}\big|_x = \frac{c(x_2)-c(x_1)}{x_2-x_1}$ gilt näherungsweise für $x_1 < x < x_2$ mit $x_2-x_1 \ll x$. Die Konzentration (Teilchen je Volumen) läßt sich aus dem Volumprozentanteil errechnen.

Lösung: $\frac{1}{A} \cdot \frac{dn}{dt} = 6,57 \cdot 10^{17} \frac{\text{Atome}}{\text{m}^2\text{s}}$

10.9 Temperaturabhängigkeit des Diffusionskoeffizienten

Errechnen Sie aus dem Diagramm die Diffusionskonstante D_0 sowie die Aktivierungsenergie für Aluminium. (Zuerst allgemein, dann mit Zahlenwerten.)

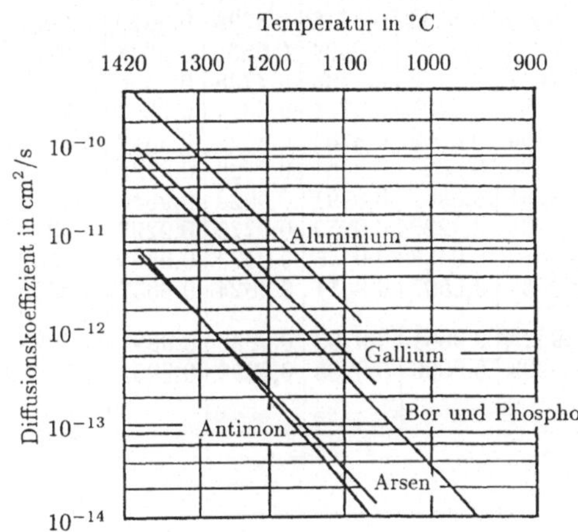

Thema: *Thermisch aktivierte Vorgänge.*

Gleichung(en): (10.30)

Lösungshinweis: Kleine Ablesefehler aus dem Diagramm wirken sich stark auf den Wert für D_0 aus.

Lösung: $Q = 340 \frac{\text{kJ}}{\text{mol}}$

                $D_0 = 20 \frac{\text{cm}^2}{\text{s}}$

10.10 Kohlenstoffdiffusion im Eisen

Kohlenstoffatome diffundieren in einen Eisenkristall, wobei unmittelbar an der Oberfläche eine Kohlenstoffkonzentration von 1,2 Masseprozent aufrechterhalten wird. Wie lange dauert es, bis im Abstand von $0,02\,\text{cm}$ von der Oberfläche 0,94 Masseprozent zu finden sind?

Die Tabelle zeigt das Gaußsche Fehlerintegral $\Phi(\xi) = \frac{2}{\sqrt{\pi}} \int\limits_{0}^{\xi=x/2\sqrt{Dt}} e^{-\xi^2} \cdot d\xi$.

44

Diffusionskoeffizient: $D = 10^{-6,5}\,\mathrm{cm}^2/\mathrm{s}$

erste Stelle	letzte Stellen									
	0	1	2	3	4	5	6	7	8	9
0,0.	0,0000	0,0113	0,0226	0,0338	0,0451	0,0564	0,0676	0,0789	0,0901	0,1013
0,1.	0,1125	0,1236	0,1348	0,1451	0,1569	0,1680	0,1790	0,1900	0,2009	0,2118
0,2.	0,2227	0,2335	0,2443	0,2550	0,2657	0,2763	0,2769	0,2974	0,3079	0,3183
0,3.	0,3286	0,3389	0,3491	0,3593	0,3694	0,3794	0,3893	0,3992	0,4090	0,4187
0,4.	0,4284	0,4380	0,4475	0,4569	0,4662	0,4755	0,4847	0,4937	0,5027	0,5117
0,5.	0,5205	0,5292	0,5379	0,5465	0,5549	0,5633	0,5716	0,5798	0,5879	0,5959
0,6.	0,6039	0,6117	0,6194	0,6270	0,6346	0,6420	0,6494	0,6566	0,6638	0,6708
0,7.	0,6778	0,6847	0,6914	0,6981	0,7047	0,7112	0,7135	0,7238	0,7300	0,7361
0,8.	0,7421	0,7480	0,7538	0,7595	0,7651	0,7707	0,7761	0,7814	0,7867	0,7918
0,9.	0,7969	0,8019	0,8068	0,8116	0,8163	0,8209	0,8254	0,8299	0,8342	0,8385
1,0.	0,8427	0,8468	0,8508	0,8548	0,8586	0,8624	0,8661	0,8698	0,8733	0,8768
1,1.	0,8802	0,8835	0,8868	0,8900	0,8931	0,8961	0,8991	0,9020	0,9048	0,9076
1,2.	0,9103	0,9130	0,9155	0,9181	0,9205	0,9229	0,9252	0,9275	0,9297	0,9319
1,3.	0,9340	0,9361	0,9381	0,9400	0,9419	0,9438	0,9456	0,9473	0,9490	0,9507
1,4.	0,9523	0,9539	0,9554	0,9569	0,9583	0,9597	0,9611	0,9624	0,9637	0,9649
1.	0,8427	0,8802	0,9103	0,9340	0,9523	0,9661	0,9763	0,9838	0,9891	0,9928
2.	0,9953	0,9970	0,9981	0,9989	0,9993	0,9996	0,9998	0,9999	0,9999	1,0000
∞	1,0000									

	Dichte	rel. Atommasse
Kohlenstoff	$2,20\,\mathrm{g/cm^3}$	12,011
Eisen	$7,87\,\mathrm{g/cm^3}$	55,847

Thema: *Thermisch aktivierte Vorgänge.*

Gleichung(en): (10.33)

Lösungshinweis: Setzen Sie die Konzentration folgendermaßen an:
$c(x, t) = c_0 \cdot (1 - \phi(\xi))$. Die Konzentrationen stehen näherungsweise im gleichen Verhältnis wie die Atomprozente.

Lösung: $t = 8\,940\,\mathrm{s}$

10.11 Diffusion von P-Atomen im Si-Kristall

In einer extrem dünn gedachten Oberflächenschicht eines Silizium-Kristalls wurden zur Dotierung Phosphor-Fremdatome eingelagert:
$n' = 5,16 \cdot 10^{-15}\,\mathrm{g/mm^2}$, $A(P) = 30,97$.

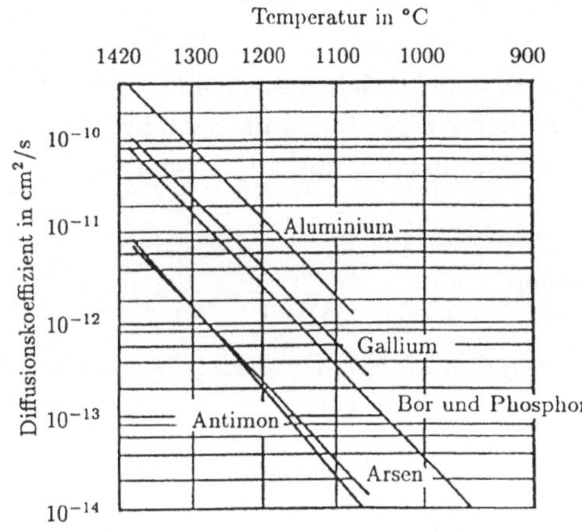

Der Kristall wird zwei Stunden der Temperatur $\vartheta = 1000°C$ ausgesetzt, wodurch sich die Oberflächenkonzentration abbaut. Berechnen Sie das resultierende Konzentrationsprofil aus dem 2. Fickschen Gesetz. Setzen Sie für die Konzentration die Glockenkurven der Gauß-Verteilung an. Stellen Sie die Konzentration in Abhängigkeit vom Ort graphisch dar. (Ordinate: Konzentration; Abszisse: Abstand von der Kristalloberfläche).

Thema:	*Thermisch aktivierte Vorgänge.*
Gleichung(en):	(10.29), (10.34)
Lösungshinweis:	Die Anpassung der Glockenkurven der Gaußverteilung als Lösung des 2. Fickschen Gesetzes an die Randbedingungen und Anfangsbedingungen ergibt den Verlauf der Konzentration $c(x, t)$.

RB: $\int\limits_0^\infty c \cdot \mathrm{d}x = n''; \quad \int\limits_0^\infty e^{-x^2} \cdot \mathrm{d}x = \frac{\sqrt{\pi}}{2}$

$c(x, t) = \frac{k(t)}{\sqrt{\pi}} \cdot e^{-k^2(t)x^2} \cdot C \rightarrow C = 2n''$

Einsetzen von $c(x, t)$ in 2. Ficksches Gesetz $\rightarrow k = \frac{1}{\sqrt{4Dt}}$

Lösung: $\quad c(x, t) = \frac{n''}{\sqrt{\pi Dt}} \cdot e^{-x^2/4Dt}$

11. Elektrische Eigenschaften der Halbleiter

Die Bedeutung dieser Werkstoffgruppe erstreckt sich nahezu über alle Bereiche der Technik. Die Eigenschaften der Halbleiter sind vornehmlich in der Quantenmechanik, den Bindungsmechanismen und im atomaren Kristallaufbau begründet.

11.1 Bandstruktur im Kristallgitter

Erörtern Sie die Grundgedanken des Energiebandmodells.
(Übergang vom Energieniveau zum Energieband; Fermienergie; Besetzungsgrad der Energiezustände)

Thema: *Bandstruktur.*

11.2 Elektronen im periodischen Potentialfeld

Zeigen Sie, daß die Gruppengeschwindigkeit der Elektronen bei der Wellenzahl $k = \pi/a$ (a ist die Gitterkonstante) Null wird.

$$\cos ka = P\frac{\sin \alpha a}{\alpha a} + \cos \alpha a \qquad \alpha = \frac{2\pi}{h}\sqrt{2\,m\,E} \qquad P = \frac{4\,\pi^2\,m\,a}{h^2}\cdot V_0\,b$$

Thema: *Bandstruktur.*
Gleichung(en): (11.4), (11.5), (11.6), (11.13), (11.20)
Lösung: $v_g = \frac{1}{h}\cdot\frac{\mathrm{d}E}{\mathrm{d}k} = 0$

11.3 Dotierung von Halbleitern

Silizium wird je Kubikzentimeter mit 10^{16} Phosphoratomen dotiert. In welchem Zahlenverhältnis stehen die Silizium- und Phosphoratome zueinander?
$A_r(\mathrm{Si}) = 28,09$; $\varrho_{\mathrm{Si}} = 2\,330\,\mathrm{kg/m^3}$

Themen: *Kristallaufbau wichtiger Halbleiter; Freie Ladungsträger;*
                Eigenleitung und Störstellenleitung.
Lösung: $\frac{n(\mathrm{Si})}{n(\mathrm{P})} = 5,00\cdot 10^6$

11.4 Zyklotronresonanzexperiment

Indiumantimonid wird bei einem Zyklotronresonanzexperiment einer elektromagnetischen Welle mit einer Wellenlänge von $0,7\,\mathrm{mm}$ ausgesetzt. Bei einem Magnetfeld von $B = 0,231\,\mathrm{Vs/m^2}$ beobachtet man eine Resonanzabsorption. Leiten Sie die Zyklotronresonanzfrequenz ab. Welche effektive Masse haben die Ladungsträger?

Thema: *Bandstruktur.*
Gleichung(en): (11.25), (11.26), (11.27)

Lösung: $\qquad m = 1,38 \cdot 10^{-32}\,\text{kg}$

11.5 Äquivalente Zustandsdichten

Berechnen Sie für 20°C die äquivalente Zustandsdichte für Elektronen und Löcher im Halbleiter Silizium.

$m_n^* = 1,1 \cdot m_{\text{el}}, \quad m_p^* = 0,55 \cdot m_{\text{el}}$

Themen: *Bandstruktur; Eigenleitung und Störstellenleitung.*
Gleichung(en): (11.49), (11.51)
Lösung: $\quad N_C = 2,80 \cdot 10^{25}\,\text{m}^{-3} = 2,80 \cdot 10^{19}\,\text{cm}^{-3}$
$\qquad\quad N_V = 0,99 \cdot 10^{25}\,\text{m}^{-3} = 0,99 \cdot 10^{19}\,\text{cm}^{-3}$

11.6 Besetzungswahrscheinlichkeit im Halbleiter

Gegeben ist Silizium bei 20°C. Welche Besetzungswahrscheinlichkeit gilt für die untere Leitungsbandkante, wenn
a) das Ferminiveau in der Mitte der verbotenen Zone liegt und
b) das Ferminiveau um $0,5\,\text{eV}$ angehoben wird?
($E_g = 1,12\,\text{eV}$)

Thema: *Eigenleitung und Störstellenleitung.*
Gleichung(en): (11.45)
Lösung: $\quad$ a) $W(E_c) = 2,36 \cdot 10^{-10}$
$\qquad\quad$ b) $W(E_c) = 8,51 \cdot 10^{-2}$

11.7 Näherungen für dotierte Halbleiter

Leiten Sie die für einen p-Halbleiter gültigen Beziehungen her, die den folgenden Gleichungen des n-Halbleiters entsprechen.

$n_0 \approx N_D, \quad p_0 \approx \dfrac{n_i^2}{N_D}$

$E_F = E_C - k\,T \cdot \ln \dfrac{N_C}{N_D}$

Themen: *Eigenleitung und Störstellenleitung; Ladungsträgerdichte,*
$\qquad\qquad$ *Beweglichkeit und Leitfähigkeit.*
Lösungshinweis: Für die Ladungsträgerdichten gehen Sie von den Gleichungen 11.53 und 11.54 aus, wobei Sie $N_A \gg n_i$ und $N_D = 0$ annehmen. Die Lage des Ferminiveaus leiten Sie aus Gleichung 11.50 unter Verwendung der vorher abgeschätzten Ladungsträgerdichten her.
Lösung: $\quad p_0 \approx N_A, \quad n_0 \approx \dfrac{n_i^2}{N_A}$
$\qquad\quad E_F = E_v + k\,T \cdot \ln \dfrac{N_V}{N_A}$

11.8 Ladungsträgerdichte

Diskutieren Sie die im folgenden angegebenen Beziehungen für die Grenzfälle

48

a) $n_i \gg N_D - N_A > 0$,

b) $n_i \ll N_D - N_A$,

c) $n_i \gg N_A - N_D > 0$ und

d) $n_i \ll N_A - N_D$.

$$n_0 = \frac{N_D - N_A}{2} + \sqrt{n_i^2 + \left(\frac{N_D - N_A}{2}\right)^2}$$

$$p_0 = -\frac{N_D - N_A}{2} + \sqrt{n_i^2 + \left(\frac{N_D - N_A}{2}\right)^2}$$

Themen: *Ladungsträgerdichte, Beweglichkeit und Leitfähigkeit.*

Lösung:

a) $n_0 \approx n_i$

$p_0 \approx n_i$

Eigenleitung überwiegt (geringer Elektronenüberschuß)

b) $n_0 \approx N_D - N_A$

$p_0 \approx \frac{n_i^2}{N_D - N_A}$

n-dotierter Halbleiter

c) $n_0 \approx n_i$

$p_0 \approx n_i$

Eigenleitung überwiegt (geringer Löcherüberschuß)

d) $n_0 \approx \frac{n_i^2}{N_A - N_D}$

$p_0 \approx N_A - N_D$

p-dotierter Halbleiter

11.9 Ferminiveau

a) Wo liegt bei Raumtemperatur (20°C) im eigenleitenden GaAs das Ferminiveau? Geben Sie den Abstand des Ferminiveaus von der Bandmitte in eV an.

b) Wie ist das Ferminiveau definiert?

		Ge	Si	GaAs
E_g	eV	0,67	1,12	1,43
n_i	cm^{-3}	$2,5 \cdot 10^{13}$	$1,4 \cdot 10^{10}$	10^7
m_n^*/m		0,55	1,1	0,068
m_p^*/m		0,3	0,55	0,5
ε_r		16	11,8	13
Bandübergang		indirekt	indirekt	direkt

Thema: *Eigenleitung und Störstellenleitung.*

Gleichung(en): (11.58)
Lösung: a) E_F liegt $0,038\,\text{eV}$ über der Bandmitte.
b) Das Ferminiveau (die Fermienergie) ist als jener Energiewert definiert, für den bei $T > 0\text{K}$ die Besetzungswahrscheinlichkeit mit Elektronen genau 0,5 beträgt.

11.10 Driftgeschwindigkeit

Mit welcher Geschwindigkeit bewegen sich bei einer Stromdichte von $2\,\text{A}/\text{mm}^2$ die freien Elektronen in Kupfer bzw. in n-Silizium mit einer Dotierung von $N = 10^{16}\,\text{cm}^{-3}$?

Nehmen Sie Raumtemperatur an und setzen Sie voraus, daß im Kupferkristall alle Cu-Atome je ein Elektron als Leitungselektron zur Verfügung stellen.

$A_{\text{Cu}} = 63,54$; $\varrho_{\text{Cu}} = 8\,920\,\text{kg}/\text{m}^3$

Thema: *Ladungsträgerdichte, Beweglichkeit und Leitfähigkeit.*
Gleichung(en): (11.59), (11.86)
Lösung: $v_{\text{Si}} = -1,25 \cdot 10^5\,\text{cm/s}$
$v_{\text{Cu}} = -1,48 \cdot 10^{-2}\,\text{cm/s}$

11.11 Beweglichkeit

An zwei Seitenflächen eines Germaniumwürfels von 1 cm Kantenlänge und einer Ladungsträgerdichte von $10^{15}\,\text{cm}^{-3}$ Elektronen wird eine Spannung von $0,2\,\text{V}$ gelegt, wodurch ein Strom von $128\,\text{mA}$ fließt. Berechnen Sie die Beweglichkeit der Elektronen und ihre mittlere freie Kollisionszeit, wenn die effektive Masse $0,12 \cdot m_{\text{el}}$ ist.

Thema: *Ladungsträgerdichte, Beweglichkeit und Leitfähigkeit.*
Gleichung(en): (11.90), (11.92)
Lösung: $\mu_n = 4,00 \cdot 10^3\,\text{cm}^2/\text{Vs} = 0,40\,\text{m}^2/\text{Vs}$
$\tau_n = 2,73 \cdot 10^{-13}\,\text{s}$

11.12 Beweglichkeit im Galliumarsenid-Kristall

Bei $T = 77\,\text{K}$ wurden die Beweglichkeiten in zwei Proben von n-Typ Galliumarsenid gemessen:

$$\mu_1 = 31\,000\,\frac{\text{cm}^2}{\text{Vs}}, \quad \mu_2 = 63\,000\,\frac{\text{cm}^2}{\text{Vs}}\,.$$

Aus anderen Messungen sei bekannt, daß die gesamte Dichte geladener Störstellen $(N_D + N_A)$ in der ersten Probe $5,4 \cdot 10^{15}\,\text{cm}^{-3}$ und in der zweiten Probe $2 \cdot 10^{15}\,\text{cm}^{-3}$ beträgt. Man berechne die Beweglichkeit, die bei $T = 77\,\text{K}$ für eine ideale Probe ohne Störstellen zu erwarten wäre.

Man nehme die Teilbeweglichkeiten zufolge Phononen- und Störstellenstreuung proportional T^{-2} bzw. $T^{3/2}$ an.

Thema: *Ladungsträgerdichte, Beweglichkeit und Leitfähigkeit.*
Gleichung(en): (11.82)
Lösungshinweis: Bei Störstellenstreuung ist die Beweglichkeit der gesamten Dichte geladener Störstellen indirekt proportional. Die Anwendung der Mathiessenschen Regel ergibt zwei Gleichungen, aus denen sich die Proportionalitätskonstanten der Teilbeweglichkeiten errechnen lassen.
Lösung: $\mu_{\text{Phononen}} = 1,60 \cdot 10^5 \, \frac{\text{cm}^2}{\text{Vs}} = 16,0 \, \frac{\text{m}^2}{\text{Vs}}$

11.13 Spezifischer Widerstand

Germanium ist bei Zimmertemperatur durch folgende Daten gekennzeichnet:

$$n_i = 2,5 \cdot 10^{13} \, \text{cm}^{-3}, \quad \mu_n = 3\,600 \, \frac{\text{cm}^2}{\text{Vs}}, \quad \mu_p = 1\,600 \, \frac{\text{cm}^2}{\text{Vs}} \ .$$

Wie groß ist die Elektronenkonzentration in einer löcherleitenden Probe mit dem spezifischen Widerstand $1\,\Omega\text{cm}$?
Vergleichen Sie das Ergebnis der exakten Rechnung mit demjenigen der Näherung $n \ll p$.

Thema: *Ladungsträgerdichte, Beweglichkeit und Leitfähigkeit.*
Gleichung(en): (11.53), (11.92)
Lösung: $n = 1,60 \cdot 10^{11} \, \text{cm}^{-3} = 1,60 \cdot 10^{17} \, \text{m}^{-3}$

11.14 Die Matthiessensche Regel

Ein Halbleiter, dessen Elektronenbeweglichkeit durch Phononen- und Störstellenstreuung bestimmt ist, habe bei Raumtemperatur $(T_1 = 300\,\text{K})$ eine Beweglichkeit $\mu_1 = 978 \, \text{cm}^2 \, \text{V}^{-1} \, \text{s}^{-1}$ und bei der Siedetemperatur von flüssigem Stickstoff $(T_2 = 77\,\text{K})$ ein $\mu_2 = 370 \, \text{cm}^2 \, \text{V}^{-1} \, \text{s}^{-1}$.
Man nehme die Teilbeweglichkeiten infolge Phononen- und Störstellenstreuung proportional T^{-2} bzw. $T^{3/2}$ an.
a) Bei welcher Temperatur liegt das Beweglichkeitsmaximum?
b) Wie groß wäre μ bei $77\,\text{K}$ für eine völlig störstellenfreie Probe des gleichen Materials?

Thema: *Ladungsträgerdichte, Beweglichkeit und Leitfähigkeit.*
Gleichung(en): (11.82)
Lösungshinweis: Bei Störstellenstreuung ist die Beweglichkeit der gesamten Dichte geladener Störstellen indirekt proportional. Die Anwendung der Mathiessenschen Regel ergibt zwei Gleichungen, aus denen sich die Proportionalitätskonstanten der Teilbeweglichkeiten errechnen lassen.

Lösung:
a) $T = 228\,\mathrm{K}$

b) $\mu_{\text{Phononen}} = 2,24 \cdot 10^4\,\frac{\mathrm{cm}^2}{\mathrm{Vs}} = 2,24\,\frac{\mathrm{m}^2}{\mathrm{Vs}}$

11.15 Temperaturabhängigkeit der Leitfähigkeit

Eine n-Si Probe hat bei 300 K folgende Daten:
$E_g = 1,12\,\mathrm{eV}$, $N_D = 10^{15}\,\mathrm{cm}^{-3}$, $\mu_n = 1\,500\,\mathrm{cm}^2/\mathrm{Vs}$, $\mu_p = 500\,\mathrm{cm}^2/\mathrm{Vs}$,
$n_i{}^2 = 10^{20}\,\mathrm{cm}^{-6}$.
Wie groß ist die Leitfähigkeit bei 300 K bzw. 600 K?

Themen: *Eigenleitung und Störstellenleitung; Ladungsträgerdichte, Beweglichkeit und Leitfähigkeit.*

Gleichung(en): (11.49), (11.51), (11.53), (11.61), (11.66), (11.85), (11.92)

Lösungshinweis: Die Leitfähigkeit bei 300 K ergibt sich durch Einsetzen der gegebenen Werte in Gleichung 11.92. Die Beweglichkeiten bei 600 K lassen sich mit Gleichung 11.85 berechnen. Die intrinsische Ladungsträgerdichte bei 600 K ist dem Produkt der äquivalenten Zustandsdichten proportional; die Temperaturabhängigkeit der letzteren folgt aus Gleichung 11.49 und 11.51. Mit n_i bei 600 K erhält man dann die neuen Ladungsträgerdichten.

Lösung:
$\sigma(300\,\mathrm{K}) = 24,0\,\Omega^{-1}\,\mathrm{m}^{-1}$
$\sigma(600\,\mathrm{K}) = 14,1\,\Omega^{-1}\,\mathrm{m}^{-1}$

11.16 Abhängigkeit der Leitfähigkeit von der Dotierung

a) Man berechne die Leitfähigkeit einer InSb-Probe bei 300 K, $(n_i = 1,6 \cdot 10^{16}\,\mathrm{cm}^{-3})$, in der $N_A = 4 \cdot 10^{16}\,\mathrm{cm}^{-3}$, $(N_D \ll N_A)$, $\mu_p = 1\,000\,\mathrm{cm}^2\,\mathrm{V}^{-1}\,\mathrm{s}^{-1}$ und $\mu_n = 80\,000\,\mathrm{cm}^2\,\mathrm{V}^{-1}\,\mathrm{s}^{-1}$ sind.

b) Man berechne (unter der Annahme, daß die Störstellenleitung stark überwiegt) den Wert von N_A, der zur minimalen Leitfähigkeit bei 300 K führt, sowie den Wert der minimalen Leitfähigkeit.

c) Man vergleiche mit dem Wert der Leitfähigkeit für eine eigenleitende Probe und diskutiere den Unterschied.

Themen: *Eigenleitung und Störstellenleitung; Ladungsträgerdichte, Beweglichkeit und Leitfähigkeit.*

Gleichung(en): (11.66), (11.92), (11.116)

Lösung:
a) $\sigma = 7,93 \cdot 10^3\,\Omega^{-1}\,\mathrm{m}^{-1}$

b) $N_A(\sigma_{\min}) = 1,43 \cdot 10^{23}\,\mathrm{m}^{-3} = 1,43 \cdot 10^{17}\,\mathrm{cm}^{-3}$
$\sigma_{\min} = 4,59 \cdot 10^3\,\Omega^{-1}\mathrm{m}^{-1}$

c) $\sigma_i = 2,08 \cdot 10^4\,\Omega^{-1}\,\mathrm{m}^{-1}$

Bei stärkerer Dotierung mit Akzeptoren sinkt die Leitfähigkeit zunächst durch die niedrige Beweglichkeit der Löcher ab. Nach Erreichen der minimalen Leitfähigkeit steigt sie durch die Erhöhung der Ladungsträgerdichte wieder an.

11.17 Der Ohmsche Widerstand von dotierten Halbleitern

Ein mit Phosphor dotiertes ($N_D = 2 \cdot 10^{16}\,\mathrm{cm}^{-3}$) Siliziumplättchen (Länge: 1 cm, Querschnitt: $0,05\,\mathrm{cm}^2$) hat bei 300 K einen Widerstand von $6,24\,\Omega$. Wie groß ist die Beweglichkeit der Ladungsträger?

Thema: *Ladungsträgerdichte, Beweglichkeit und Leitfähigkeit.*
Gleichung(en): (11.92)
Lösung: $\mu_n = 0,100\,\frac{\mathrm{m}^2}{\mathrm{Vs}} = 1000\,\frac{\mathrm{cm}^2}{\mathrm{Vs}}$

11.18 Der Hall-Effekt

Erläutern Sie den Hall-Effekt.
Welche Stoffgrößen lassen sich aus Hall-Untersuchungen ermitteln?
Wie geht man dabei vor?

Thema: *Ladungsträgerdichte, Beweglichkeit und Leitfähigkeit.*

11.19 Hallspannungsmessung

Durch einen plattenförmigen Probenkörper aus Wismut (Länge: 20 mm, Breite: 20 mm, Höhe: 5 mm) fließt aufgrund der angelegten Spannung von 1,19 mV ein Strom von 50 A. Senkrecht auf die Platte wirkt ein Magnetfeld von 1 T. In Querrichtung wurde eine Spannung von 5 mV gemessen.

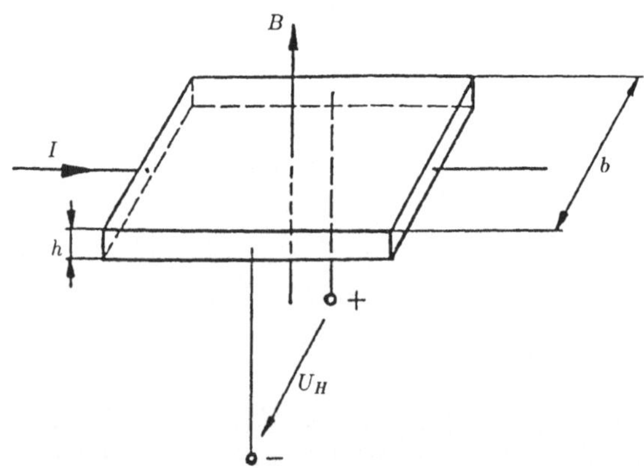

Berechnen Sie die Hallkonstante R und die Beweglichkeit μ, sowie den spezifischen Widerstand der Probe.

Thema: *Ladungsträgerdichte, Beweglichkeit und Leitfähigkeit.*
Gleichung(en):   (11.99) ... (11.103)
Lösung: $R = -5 \cdot 10^{-7} \, \frac{\mathrm{m}^3}{\mathrm{As}}$,

$$\mu = 4,2 \, \frac{\mathrm{m}^2}{\mathrm{Vs}},$$
$$\rho = 1,19 \cdot 10^{-7} \, \Omega\mathrm{m}.$$

11.20 Optische Paarerzeugung

Ein GaAs-Stab mit dem Querschnitt 10^{-2} cm^2 und der Länge 1 cm ist mit $N_A = 10^{13}$ cm^{-3} dotiert.

a) Wie groß ist sein Widerstand?

b) Auf welchen Wert sinkt sein Widerstand bei homogener Belichtung, wenn das Licht 10^{16} zusätzliche Elektron-Loch-Paare pro cm^3 und Sekunde erzeugt und die Lebensdauer $\tau_L = 10\,\mu$s beträgt?

		Ge	Si	GaAs
μ_n	cm^2/Vs	3 900	1 450	8 500
μ_p	cm^2/Vs	1 900	500	450
E_g	eV	0,67	1,12	1,43
n_i	cm^{-3}	$2,5 \cdot 10^{13}$	$1,4 \cdot 10^{10}$	10^7
m_n^*/m		0,55	1,1	0,068
m_p^*/m		0,3	0,55	0,5
ε_r		16	11,8	13
Bandübergang		indirekt	indirekt	direkt

Themen: *Ladungsträgerdichte, Beweglichkeit und Leitfähigkeit;*
               Trägererzeugung, Rekombination und Lebensdauer.
Gleichung(en):   (11.59), (11.92), (11.106), (11.109)
Lösung: a) $R = 139\,\mathrm{k}\Omega$
            b) $R = 117\,\mathrm{k}\Omega$

11.21 Ladungsträgerdichte

An dem abgebildeten Halbleiterplättchen hat man Hallmessungen durchgeführt. Nehmen Sie an, daß nur eine einzige Ladungsträgersorte existiert. Welche Ladungsträgerdichte liegt vor? Sind es Elektronen oder Löcher?

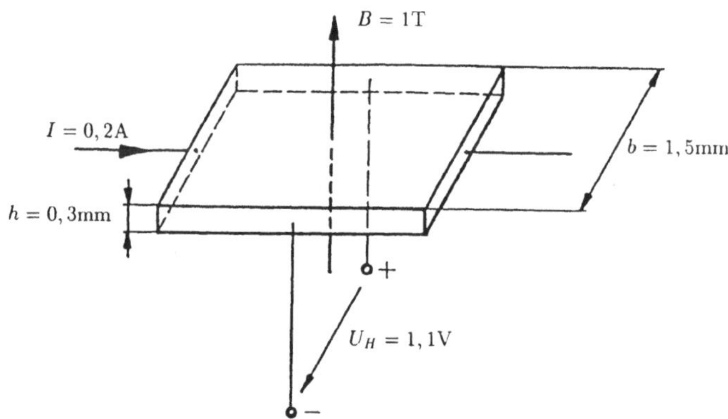

Thema:	*Ladungsträgerdichte, Beweglichkeit und Leitfähigkeit.*
Gleichung(en):	(11.101)
Lösung:	$N = 3,78 \cdot 10^{21}\,\text{m}^{-3} = 3,78 \cdot 10^{15}\,\text{cm}^{-3}$

Die Ladungsträger sind Elektronen.

11.22 Dielektrische Relaxationszeit

Berechnen Sie die dielektrischen Relaxationszeiten für eigenleitendes Si und eigenleitendes GaAs.

		Ge	Si	GaAs
μ_n	cm²/Vs	3 900	1 450	8 500
μ_p	cm²/Vs	1 900	500	450
E_g	eV	0,67	1,12	1,43
n_i	cm⁻³	$2,5 \cdot 10^{13}$	$1,4 \cdot 10^{10}$	10^7
m_n^*/m		0,55	1,1	0,068
m_p^*/m		0,3	0,55	0,5
ε_r		16	11,8	13
Bandübergang		indirekt	indirekt	direkt

Thema:	*Trägererzeugung; Rekombination und Lebensdauer.*
Gleichung(en):	(11.115), (11.116)
Lösung:	$\tau_d(\text{Si}) = 2,39 \cdot 10^{-7}\,\text{s}$
	$\tau_d(\text{GaAs}) = 8,03 \cdot 10^{-5}\,\text{s}$

11.23 Elektrische Feldstärke im pn-Übergang

An einer pn-Diode mit den Dotierungen $N_A = N_D = 1,32 \cdot 10^{15}\,\text{cm}^{-3}$ liege eine Sperrspannung von 80 V ($\varepsilon_r = 12$).

a) Man skizziere den Verlauf der elektrischen Feldstärke.

b) Wie groß ist $E_{\max}$?

Thema: *Der pn-Übergang.*
Gleichung(en): (11.155), (11.156)
Lösung: a)

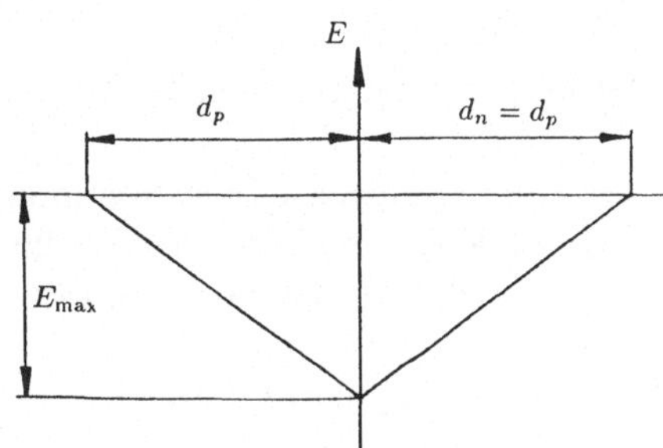

b) $E_{\max} = 1,27 \cdot 10^7 \, \frac{\mathrm{V}}{\mathrm{m}}$

11.24 Raumladungszone beim pn-Übergang

Gegeben ist eine abrupte p$^+$n Diode (starke p-Dotierung, schwache n-Dotierung), $\varepsilon_r = 12$, mit einer Querschnittsfläche von $A = 200 \, \mu\mathrm{m} \times 200 \, \mu\mathrm{m}$.

a) Man skizziere den Verlauf der Raumladung, der Feldstärke und des Potentials.

b) Man leite die Beziehung für die Ausdehnung d_n der Raumladungszone her.
$(|U| \gg U_D)$, $d_n = d_n(U, N_D)$.

c) Wie groß ist die Dotierung N_D in der n-Zone, wenn bei einer Sperrspannung von 5 V eine Kapazität von 11,5 pF auftritt?

d) Bei welcher Spannung kommt es zum Durchbruch, wenn dieser beim Erreichen einer Spitzenfeldstärke von 300 kV/cm auftritt?
Wie breit ist dabei die Raumladungszone?

Thema: *Der pn-Übergang.*
Gleichung(en): (11.130), (11.131), (11.151), (11.153), (11.154)
Lösung: a) Abb. 11.48

b) $d_n = \sqrt{\dfrac{-2\varepsilon U}{e \cdot N_D}}$

c) $N_D = 4,86 \cdot 10^{22} \, \mathrm{m}^{-3} = 4,86 \cdot 10^{16} \, \mathrm{cm}^{-3}$

d) $d \approx d_n = 4,10 \cdot 10^{-7} \, \mathrm{m}$
$U_{\max} = -6,15 \, \mathrm{V}$

11.25 Sperrspannung und Sperrschichtkapazität einer Diode

Eine pn^+-Diode mit der Querschnittsfläche $100\,\mu\mathrm{m} \times 300\,\mu\mathrm{m}$ wird in Sperrrichtung betrieben und ist wie folgt dotiert:

$p:\quad N_A = 10^{16}\,\mathrm{cm}^{-3}$

$n^+:\quad N_D = 10^{19}\,\mathrm{cm}^{-3}$

$(\varepsilon_r = 12,\quad n_i = 1{,}4 \cdot 10^{10}\,\mathrm{cm}^{-3})$

a) Man skizziere den Verlauf der elektrischen Feldstärke und der Raumladung.

b) Wie groß ist die an die Diode angelegte Sperrspannung, wenn die Durchschlagsfeldstärke $E_{\max} = 200\,\mathrm{kV/cm}$ beträgt ($\vartheta = 20°\mathrm{C}$)?

c) Skizzieren Sie den Verlauf der Sperrschichtkapazität dieser Diode als Funktion der angelegten Sperrspannung.

d) Man berechne die Sperrschichtkapazität dieser Diode für eine Sperrspannung von $U = -10\,\mathrm{V}$.

Thema: *Der pn-Übergang.*

Gleichung(en):   (11.144), (11.151), (11.155), (11.156), (11.157)

Lösung: a) Abb. 11.48

                  b) $U = -12{,}4\,\mathrm{V}$

                  c) Abb. 11.59

                  d) $C_s = 2{,}66\,\mathrm{pF}$

11.26 Stromfluß durch eine Diode

An einer n^+p-Diode liegt eine Flußspannung von $420\,\mathrm{mV}$.

Temperaturspannung $U_T = 25\,\mathrm{mV}$,

$N_D = 10^{19}\,\mathrm{cm}^{-3}$, $N_A = 10^{16}\,\mathrm{cm}^{-3}$,

$n_i^2 = 10^{20}\,\mathrm{cm}^{-6}$,

$\varepsilon_r = 12$.

a) Berechnen Sie die Elektronendichte am Rand der Raumladungszone im p-Gebiet.

b) Skizzieren Sie den Verlauf der Elektronenkonzentration im p-Gebiet.

c) Berechnen Sie den Strom durch die Diode.
   ($A = 200\,\mu\mathrm{m} \times 100\,\mu\mathrm{m}$, $\mu_n = 1\,200\,\mathrm{cm}^2/\mathrm{Vs}$, $\tau_L = 1\,\mu\mathrm{s}$)

d) Schätzen Sie die Ausdehnung der Raumladungszone mit Hilfe der Parabelnäherung ab.

Thema: *Der pn-Übergang.*

Gleichung(en):   (11.94), (11.128), (11.134) ... (11.139), (11.142), (11.144), (11.155), (11.157)

Lösungshinweis: a) Die Elektronendichte am Rand der Raumladungszone im p-Gebiet ergibt sich aus der Elektronendichte im n-Gebiet über eine Boltzmannverteilung.

b) Die Elektronenkonzentration ist proportional dem Elektronenstrom im p-Gebiet (i_2 in Abb. 11.53).

c) Der Strom durch die Diode errechnet sich aus der Summe von Elektronenstrom und Löcherstrom vom n- zum p-Gebiet, wobei hier wegen $N_D \gg N_A \Longleftrightarrow n_p \gg p_n$ der Löcherstrom vernachlässigbar ist.

d) Die Annahme einer in der Raumladungszone des n- bzw. p-Halbleiters konstanten Raumladung führt nach zweimaliger Integration auf eine quadratische Abhängigkeit der Energie der Ladungsträger in der Raumladungszone (siehe auch Gleichung 11.152 ... 11.157).

Lösung:

a) $n_1 = 1{,}98 \cdot 10^{11}\,\mathrm{cm}^{-3} = 1{,}98 \cdot 10^{17}\,\mathrm{m}^{-3}$

b) Abb. 11.53 ($\sim i_2$)

c) $I \approx I_n = 34{,}7 \cdot 10^{-9}\,\mathrm{A}$

d) $d \approx 0{,}24\,\mu\mathrm{m}$

12. Elektrische Eigenschaften der Metalle

Zu diesem Themenkreis zählen in erster Linie die elektrische Leitfähigkeit, sowie die verschiedenen metallischen Kontakte und die Supraleitung, die in der Elektrotechnik zunehmend an Bedeutung gewinnen.

12.1 Bandstruktur und elektrische Leitfähigkeit in Metallen

Charakterisieren Sie die Elektrizitätsleitung im Festkörper mit metallischer Bindung:

a) Erläutern Sie die Bandstruktur in Metallen.

b) Leiten Sie die elektrische Leitfähigkeit ab.

c) Was besagt die Mathiessensche Regel?

d) Geben Sie Bespiele für die Widerstandsänderung zufolge verschiedener Streumechanismen an.

Themen: *Bandstruktur; Elektrische Leitfähigkeit.*

12.2 Elektrische Leitfähigkeit

Erörtern Sie die elektrische Leitfähigkeit:

a) Gehen Sie vom Ohmschen Gesetz in der Differentialform aus und erläutern Sie die darin vorkommenden Größen. Geben Sie Beispiele für die Größenordnung von Feldstärke, Stromdichte und spezifischem Widerstand bei Metallen und Isolierstoffen an.

b) Berechnen Sie die Stromdichte aus einem einfachen Modellbild (sägezahnförmiger Geschwindigkeitsverlauf) und bestimmen Sie daraus die elektrische Leitfähigkeit. Wählen Sie $2\tau_n$ als Zeit zwischen zwei Zusammenstößen.

c) Geben Sie an, auf welche Art man die Temperaturabhängigkeit des spezifischen Widerstands erfaßt.

Themen: *Elektrische Leitfähigkeit; Metallische Sonderwerkstoffe;*
               Dielektrische Sonderwerkstoffe.

Gleichung(en): (12.1) ... (12.7)

Lösung: a)

$T = 300\mathrm{K}$	Metalle	Isolierstoffe
el. Feldstärke $E(E_d)$ $[\frac{\mathrm{V}}{\mathrm{m}}]$	$10^{-9} \ldots 10^{1}$	$10^{6} \ldots 10^{8}$
Stromdichte i $[\frac{\mathrm{A}}{\mathrm{mm}^2}]$	$10^{-1} \ldots 10^{1}$	$10^{-12} \ldots 10^{-5}$
spez. Widerstand $\rho[\frac{\Omega\cdot\mathrm{mm}^2}{\mathrm{m}}]$	$10^{-2} \ldots 10^{0}$	$10^{13} \ldots 10^{23}$

b) $i = \frac{ne^2\tau_n}{m^*} \cdot E = \sigma \cdot E$

$$\text{c) } \rho(\vartheta) = \rho(\vartheta_1) \cdot [1 + \alpha_1 \cdot (\vartheta - \vartheta_1)]$$

12.3 Richtungsabhängigkeit der elektrischen Leitfähigkeit

Leiten Sie aus dem Ohmschen Gesetz $\vec{E}_s = \rho(\varphi) \cdot \vec{S}$ die Winkelabhängigkeit des spezifischen Widerstands $\rho(\varphi)$ in Kristallsystemen mit uniaxialer Anisotropie her; benützen Sie dabei folgendes Koordinatensystem:

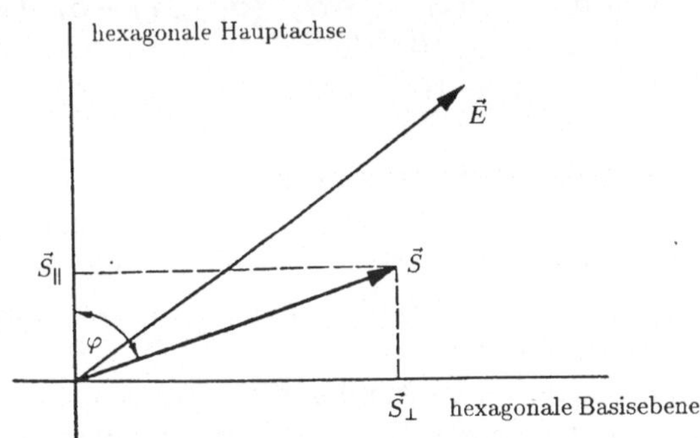

Thema: *Elektrische Leitfähigkeit.*

Gleichung(en):   (12.5)

Lösungshinweis: Zerlegen Sie die Projektion der elektrischen Feldstärke in Richtung der elektrischen Stromdichte in Teilstücke, die von $E_\parallel$ und $E_\perp$ abhängen. Es gilt: $\vec{E} = \vec{E}_\parallel + \vec{E}_\perp$ bzw. $\vec{S} = \vec{S}_\parallel + \vec{S}_\perp$ und $\vec{E}_\parallel = \rho_\parallel \cdot \vec{S}_\parallel$, $\vec{E}_\perp = \rho_\perp \cdot \vec{S}_\perp$

Lösung: $\rho(\varphi) = \rho_\parallel \cdot \cos^2 \varphi + \rho_\perp \cdot \sin^2 \varphi = \rho_\perp + (\rho_\parallel - \rho_\perp) \cdot \cos^2 \varphi$

12.4 Temperaturabhängigkeit der elektrischen Leitfähigkeit

An einer zylindrischen Probe vom Querschnitt A und der Länge l hat man bei drei verschiedenen Temperaturen $\vartheta_1 < \vartheta_0 < \vartheta_2$ die Widerstandswerte R_1, R_0 und R_2 gemessen.

Berechnen Sie hieraus

a) den spezifischen Widerstand der Probe bei ϑ_0, ϑ_1 und ϑ_2 und

b) die Temperaturkoeffizienten des spezifischen Widerstands (lineares und quadratisches Glied) für ϑ_1 als Bezugstemperatur.

Wenden Sie die gefundenen Gleichungen auf folgendes Beispiel an:

$\vartheta_1 = 20°\text{C}$ $R_1 = 30\,\text{m}\Omega$ $A = 1\,\text{mm}^2$

$\vartheta_0 = 100°\text{C}$ $R_0 = 39,8\,\text{m}\Omega$ $l = 1\,\text{m}$

$\vartheta_2 = 500°\text{C}$ $R_2 = 156,7\,\text{m}\Omega$

Thema: *Elektrische Leitfähigkeit.*

Gleichung(en):   (12.7)

Lösungshinweis: Setzen Sie zur Approximation des Temperaturgangs eine nach dem quadratischen Glied abgebrochene Reihenentwicklung um die Temperatur ϑ_1 an. Ohmscher Widerstand einer zylindrischen Probe: $R = \frac{\rho \cdot l}{A}$.

Lösung: a) $\rho_1 = 3,00 \cdot 10^{-8}\ \Omega\text{m}$, $\rho_0 = 3,98 \cdot 10^{-8}\ \Omega\text{m}$,

$\rho_2 = 15,7 \cdot 10^{-8}\ \Omega\text{m}$

b) $\rho(\vartheta) = \rho(\vartheta_1) \cdot [1 + \alpha_1 \cdot (\vartheta - \vartheta_1) + \beta_1 \cdot (\vartheta - \vartheta_1)^2]$

$\alpha_1 = 3,14 \cdot 10^{-3}\ \text{K}^{-1}$

$\beta_1 = 11,8 \cdot 10^{-6}\ \text{K}^{-2}$

12.5 Widerstand eines Metalldrahtes

Bei der Erwärmung eines Metalldrahts ändert sich nicht nur sein spezifischer Widerstand, sondern es ändern sich auch seine geometrischen Abmessungen. Es ist hierfür der resultierende Temperaturkoeffizient für die Widerstandsänderung zu berechnen.

Gegeben ist der spezifische Widerstand ρ, die Länge l und der Querschnitt A der Probe. Ferner kennt man den linearen Temperaturkoeffizienten des spezifischen Widerstands ($\alpha_{\rho,\,\vartheta_1}$) und den linearen Temperaturkoeffizienten der Länge ($\alpha_{l,\,\vartheta_1}$) bei der Temperatur ϑ_1.

Themen: *Thermische Ausdehnung; Elektrische Leitfähigkeit.*
Gleichung(en): (10.13), (12.7)
Lösungshinweis: In der Gleichung $R = \frac{\rho \cdot l}{A}$ sind für alle Größen die nach dem 1. Glied abgebrochenen Reihenentwicklungen um die Temperatur ϑ_1 anzusetzen.

Lösung: $\alpha_{R,\,\vartheta_1} = \dfrac{\alpha_{\rho,\,\vartheta_1} - \alpha_{l,\,\vartheta_1}}{1 + \alpha_{l,\,\vartheta_1} \cdot (\vartheta - \vartheta_1)}$

12.6 Elektronenemission

Diskutieren Sie die Elektronenemission.

Geben Sie die verschiedenen Ursachen der Elektronenemission an. Erklären Sie die Begriffe Austrittsarbeit und Oberflächenpotentialbarriere und gehen Sie näher auf die Abhängigkeit der Emission von der elektrischen Feldstärke ein.

Thema: *Elektronenemission.*

12.7 Metall-Metall–Kontakte

a) Erörtern Sie die Vorgänge bei Metall-Metall–Kontakten und skizzieren Sie das Energiebandmodell.

b) Geben Sie eine kurze Beschreibung der Ursachen und Auswirkungen von Peltier-, Seebeck- und Thomsoneffekt.

Thema: *Kontakte.*

12.8 Metall-Halbleiter–Kontakt

Diskutieren Sie ausführlich den Metall–n-Halbleiterkontakt, der in der Schottky-Diode seine praktische Anwendung für höchste Frequenzen findet. Gehen Sie sowohl auf den halbleitenden als auch auf den Ohmschen Kontakt ein und skizzieren Sie jeweils die Bandstruktur vor und nach der Kontaktierung.

Erklären Sie auch die Sperrwirkung des halbleitenden Metall–n-Halbleiterkontakts.

Thema: *Kontakte.*

12.9 Supraleiter

a) Was versteht man unter Supraleitfähigkeit?
b) Erläutern Sie die kritischen Werte für Temperatur und Feldstärke.
c) Beschreiben Sie den Meissner-Ochsenfeld-Effekt.
d) Was versteht man unter Supraleitern 1., 2. und 3. Art?
e) Diskutieren Sie die 1. und 2. Londonsche Gleichung.

Thema: *Supraleitung.*

13. Elektrische Eigenschaften der Isolatoren

Die Bedeutung dieser Werkstoffe ist neben dem Nichtvorhandensein frei beweglicher Ladungsträger auch in der Polarisierbarkeit begründet. Oft werden neben hoher Spannungsfestigkeit auch entsprechende Anforderungen an die Hochfrequenzgüte sowie an die Dielektrizitätszahl gestellt. Die verschiedenen Polarisationseffekte können wiederum nur aus dem Aufbau der Materie verstanden werden.

13.1 Eigenschaften von Dielektrika

a) Wodurch unterscheiden sich Metalle, Halbleiter und Isolatoren?

b) Diskutieren Sie anhand einer Skizze den Frequenzgang von ε_{real} und ε_{imag}.

c) Behandeln Sie die verschiedenen Mechanismen beim elektrischen Durchschlag.

Themen: *Frequenzabhängigkeit der Dielektrizitätszahl, Verluste;*
       Elektrischer Durchschlag.

13.2 Elektrisches Verhalten von Isolatoren

Charakterisieren Sie die Elektrizitätsleitung im Festkörper mit Ionenbindung.

a) Wodurch kommt die Leitfähigkeit zustande?

b) Geben Sie die Zusammenhänge zwischen $\vec{D}$, $\vec{E}$, $\vec{P}$ und $\vec{p}$ an.

c) Gehen Sie kurz auf die verschiedenen Polarisationsmechanismen ein.

d) Diskutieren Sie die lokale Feldstärke.

Themen: *Das dielektrische Verhalten der Materie; Ionenleit-*
       fähigkeit im Dielektrikum; Polarisationsmechanismen;
       Die lokale Feldstärke.

13.3 Elektronenpolarisation

Was versteht man unter Polarisierbarkeit?

a) Leiten Sie die Elektronenpolarisierbarkeit α_{EP} ab.

b) Welchen Wert erhalten Sie für α_{EP} von Neon, wenn dessen Atomradius $1,6 \cdot 10^{-10}$ m beträgt?

Thema: *Polarisationsmechanismen.*

Gleichung(en):   (13.12) ... (13.17)

Lösung: a) $\alpha_{EP} = 4\pi\varepsilon_0 R^3$

       b) $\alpha_{EP}(\text{Ne}) = 4,56 \cdot 10^{-40} \frac{\text{Asm}^2}{\text{V}}$

13.4 Orientierungspolarisation

Was versteht man unter Polarisierbarkeit?

Leiten Sie für den Effekt der Orientierungspolarisation die Polarisierbarkeit ab.

Thema: *Polarisationsmechanismen.*
Gleichung(en):   (13.22) ... (13.38)
Lösung: $\alpha_{OP} = \frac{p^2}{3kT}$

13.5 Dielektrizitätszahl von Wasser

Wasser hat eine abnorm hohe Dielektrizitätszahl, weil die Wassermoleküldipole polymerisieren (Wasserstoffbrückenbindung).

a) Berechnen Sie, welche Dielektrizitätszahl Wasser bei einer Temperatur von $\vartheta = 25°C$ hätte, wenn Sie für das Dipolmoment des solitär bleibenden Wassermoleküls $p = 6,2 \cdot 10^{-30}$ Asm einsetzen.

b) Geben Sie die Abhängigkeit der Dielektrizitätszahl von der Anzahl der hintereinander gelagerten Dipole an. Aus wieviel Molekülen besteht im Mittel die Wassermoleküldipolkette?
Nehmen Sie an, daß die Dipolketten voneinander unabhängig sind. Die relativen Atommassen von Wasserstoff und Sauerstoff sind 1,01 bzw. 16,00. Die relative Dielektrizitätszahl von Wasser (bei 25°C und 1 bar) ist 78,54.

Thema: *Polarisationsmechanismen.*
Gleichung(en):   (13.6), (13.10), (13.11), (13.57)
Lösungshinweis: Das Dipolmoment einer Kette aus n Dipolen ist näherungsweise n-mal so groß wie das Dipolmoment eines Dipols.
Lösung: a) $\varepsilon_r = 12,75$
                   b) $n = 6,60$

13.6 Dielektrisches Verhalten der Materie

Die Berechnung des dielektrischen Verhaltens von Flüssigkeiten und Festkörpern zeigt, daß man sich das Feld $\vec{E}_{\text{loc}}$, welches auf ein bestimmtes Atom polarisierend einwirkt, aus vier Teilfeldern zusammengesetzt denken kann.

a) Berechnen Sie zuerst aus einem Ansatz für das Potential die Komponenten der elektrischen Feldstärke, die von einem Dipol in einem beliebigen Aufpunkt hervorgerufen werden.

b) Berechnen Sie hiermit für kubische Kristalle den Wert des vierten Teilfeldes $\vec{E}_4$. (Beschränken Sie die Untersuchung auf die allernächsten Nachbardipole.)

c) Leiten Sie die Clausius-Mosotti-Gleichung ab.

d) Berechnen Sie hiermit den Temperaturkoeffizienten der relativen Dielektrizitätszahl.

Themen:	*Van der Waalssche Kräfte; Die lokale Feldstärke;*
	Polarisierbarkeit und Dielektrizitätszahl.

Gleichung(en): (3.19), (13.49) ... (13.51), (13.53) ... (13.57), (13.60) ... (13.65)

Lösung:

a) $\vec{E}_r = \frac{Q \cdot ds \cdot \cos\vartheta}{2\pi\varepsilon_0 r^3}\, \vec{e}_r, \quad \vec{E}_\vartheta = \frac{Q \cdot ds \cdot \sin\vartheta}{4\pi\varepsilon_0 r^3}\, \vec{e}_\vartheta$

b) $\vec{E}_4 = 4\vec{E}_{D1} + 2\vec{E}_{D2} = 0$

c) $\alpha = \frac{3\varepsilon_0}{N} \cdot \frac{\varepsilon_r - 1}{\varepsilon_r + 2}$

d) $\alpha_\varepsilon = \frac{(\varepsilon_r - 1)(\varepsilon_r + 2)}{3\varepsilon_r} \cdot \left(\frac{1}{\alpha} \cdot \frac{d\alpha}{d\vartheta} - \beta \right)$

13.7 Das Lorentz-Feld

Bei der Berechnung des dielektrischen Verhaltens von Flüssigkeiten und Festkörpern zeigt sich, daß man das Feld $\vec{E}_{\text{loc}}$, welches auf ein bestimmtes Atom einwirkt — es wird dadurch beispielsweise polarisiert — vorstellungsweise aus vier Teilfeldern zusammensetzen kann. Eines der Teilfelder ist hierbei jenes Feld, welches im Zentrum eines kugelförmigen Hohlraumes wirkt, der sich im polarisierten Dielektrikum befindet.

Berechnen Sie dieses Feld und erläutern Sie anhand einer Zeichnung den Berechnungsgang.

Thema: *Die lokale Feldstärke.*

Gleichung(en): (13.42) ... (13.48)

Lösung: $\vec{E}_3 = \frac{\vec{P}}{3\varepsilon_0}$

13.8 Das Nahfeld

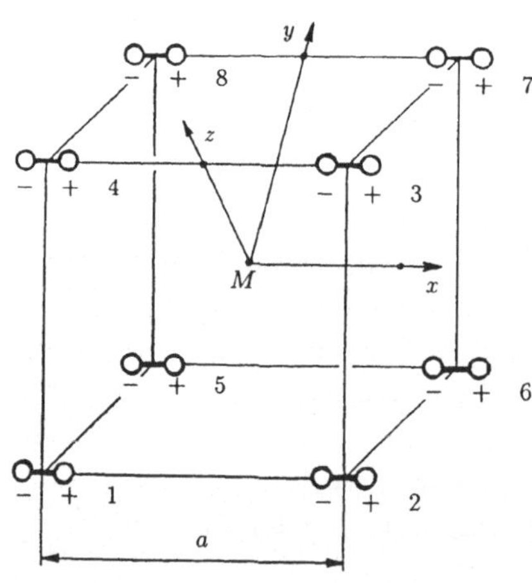

Berechnen Sie die Gesamtfeldstärke im Würfelmittelpunkt M unter Beachtung der in der Skizze angegebenen Dipolorientierung. (Legen Sie den Ursprung des Koordinatensystems in den Punkt M.)

Dokumentieren Sie Ihre Berechnung ausführlich anhand von Skizzen.

Leiten Sie zunächst allgemein das Fernfeld eines Dipols ($\vec{E}_r$ und $\vec{E}_\vartheta$) ausgehend vom Potential einer Ladung her.

Thema: *Die lokale Feldstärke.*

Gleichung(en):   (13.19)

Lösungshinweis: Fassen Sie mehrere Dipolfelder so zusammen, daß die $\vec{E}_r$- und $\vec{E}_\vartheta$-Komponenten der elektrischen Feldstärke in einer Ebene (die M enthält) liegen.

Lösung: $\vec{E}_{\text{ges}} = 0$

13.9 Polarisation von Kunststoffen

Ein Kunststoffprodukt mit der Dichte $\rho(0^\circ C) = 918\,\text{kg/m}^3$ und der relativen Molekularmasse 28 zeigt bei einer Temperatur von $-12^\circ C$ eine relative Dielektrizitätszahl von $\varepsilon_r = 2,37$; bei einer Temperatur von $+25^\circ C$ gilt $\varepsilon_r = 2,23$.

Berechnen Sie die Polarisierbarkeit α für die Temperatur von $0^\circ C$. (Annahme: Gültigkeit der Clausius-Mosotti-Gleichung)

Thema: *Polarisierbarkeit und Dielektrizitätszahl.*

Gleichung(en):   (13.59), (13.61)

Lösung: $\alpha(0^\circ C) = 4,12 \cdot 10^{-40}\,\frac{\text{Asm}^2}{\text{V}}$

13.10 Relative Dielektrizitätszahl

Von einer Substanz kennt man die Anzahl der Moleküle N, die Polarisierbarkeit α, deren Temperaturabhängigkeit $\frac{d\alpha}{d\vartheta}$ und deren Raumausdehnungskoeffizienten $\beta = \frac{1}{V} \cdot \frac{dV}{d\vartheta}$.

Man ermittle:

a) die relative Dielektrizitätszahl ε_r und

b) den Temperaturkoeffizienten $\alpha_\varepsilon = \frac{1}{\varepsilon_r} \cdot \frac{d\varepsilon_r}{d\vartheta}$.

Thema: *Polarisierbarkeit und Dielektrizitätszahl.*

Gleichung(en):   (13.6), (13.53), (13.54), (13.60) ... (13.66)

Lösung: a) $\varepsilon_r = \frac{3\varepsilon_0 + 2N\alpha}{3\varepsilon_0 - N\alpha}$

b) $\alpha_\varepsilon = \frac{(\varepsilon_r - 1)(\varepsilon_r + 2)}{3\varepsilon_r}\left(\frac{1}{\alpha} \cdot \frac{d\alpha}{d\vartheta} - \beta\right)$

13.11 Sprunghafte Feldänderung bei Dipolrelaxation

Bei der Behandlung der Frequenzabhängigkeit der Dielektrizitätszahl haben wir bei der Diskussion der Relaxation der Orientierungspolarisation die Gleichung

$$D + \tau \cdot \frac{dD}{dt} = \varepsilon_s \cdot E + \varepsilon_s \tau_1 \frac{dE}{dt}$$

gefunden.

ι) Erklären Sie die Bedeutung der auftretenden Koeffizienten.

ιι) Lösen Sie diese Gleichung unter Berücksichtigung des Anfangszustandes $D\big|_{t=0} = D_0$ für $\tau_1 \to 0$ und konstanter elektrischer Feldstärke.

Thema: *Frequenzabhängigkeit der Dielektrizitätszahl.*
Gleichung(en):   (13.69)
Lösung: $D = \varepsilon_s \cdot E + (D_0 - \varepsilon_s \cdot E) \cdot e^{-t/\tau}$

13.12 Periodisches Wechselfeld bei Dipolrelaxation

Bei der Behandlung der Frequenzabhängigkeit der Dielektrizitätszahl haben wir bei der Diskussion der Relaxation der Orientierungspolarisation die Gleichung

$$D + \tau \cdot \frac{dD}{dt} = \varepsilon_s \cdot E + \varepsilon_\infty \tau \frac{dE}{dt}$$

abgeleitet.

Berechnen Sie für das Dipolverhalten im periodischen Wechselfeld den Realteil und den Imaginärteil der komplexen Dielektrizitätszahl.

Thema: *Frequenzabhängigkeit der Dielektrizitätszahl.*
Gleichung(en):   (13.74) ... (13.79)
Lösung: $\varepsilon_{\text{real}} = \frac{\varepsilon_s + \omega^2 \tau^2 \varepsilon_\infty}{1 + \omega^2 \tau^2}$

                   $\varepsilon_{\text{imag}} = \omega\tau \cdot \frac{\varepsilon_s - \varepsilon_\infty}{1 + \omega^2 \tau^2}$

13.13 Periodisches Wechselfeld bei Resonanzabsorption

Bei der Behandlung der Frequenzabhängigkeit der Dielektrizitätszahl haben wir für die Berechnung der Resonanz der Ionen- und Elektronenpolarisation als Bewegungsgleichung

$$m\frac{d^2 x}{dt^2} + mk_R \frac{dx}{dt} + m\omega_0^2 x = k_F \hat{E} e^{j\omega t}$$

angesetzt. Lösen Sie diese Gleichung durch einen geeigneten Ansatz und berechnen Sie

a) das Dipolmoment eines Moleküls und

b) die komplexe Dielektrizitätszahl des aus N Molekülen je Volumseinheit bestehenden Dielektrikums.

Thema: *Frequenzabhängigkeit der Dielektrizitätszahl.*
Gleichung(en):   (13.94) ... (13.101)
Lösung: a) $p = Q \cdot x = Q \cdot \dfrac{k_F \hat{E}}{m} \cdot \dfrac{(\omega_0^2 - \omega^2) - j\omega k_R}{(\omega_0^2 - \omega^2)^2 + k_R^2 \omega^2} \cdot e^{j\omega t}$

                  b) $\underline{\varepsilon} = \varepsilon_{\text{real}} - j\varepsilon_{\text{imag}} =$

                     $= \left[\varepsilon_0 + \dfrac{NQk_F}{m} \cdot \dfrac{\omega_0^2 - \omega^2}{(\omega_0^2 - \omega^2)^2 + k_R^2 \omega^2}\right] -$

                     $- j\left[\dfrac{NQk_F}{m} \cdot \dfrac{\omega k_R}{(\omega_0^2 - \omega^2)^2 + k_R^2 \omega^2}\right]$

13.14 Elektrische Phänomene

Erläutern Sie die Elektrostriktion, die Piezoelektrizität und die Ferroelektrizität.

Erklären Sie anhand einer Skizze die hohe relative Dielektrizitätszahl von Bariumtitanat.

Themen: *Piezoelektrizität, Elektrostriktion und Pyroelektrizität; Ferroelektrizität.*

13.15 Mechanische Deformation und elektrische Feldstärke

An einem $BaTiO_3$-Einkristall mißt man bei Raumtemperatur bei Anlegen eines elektrischen Feldes von $E = 3 \cdot 10^6$ V/m eine relative Längenänderung

$$\left(\frac{\Delta l}{l}\right)_{\text{Gesamt}} = 402,84 \cdot 10^{-6} \ .$$

Bei Umpolung des Feldes mißt man hingegen

$$\left(\frac{\Delta l}{l}\right)_{\text{Gesamt}} = -389,16 \cdot 10^{-6} \ .$$

a) Welche Effekte sind dafür verantwortlich?
b) Man bestimme für die obigen Werte die Konstanten für die beteiligten Effekte.

Thema: *Piezoelektrizität, Elektrostriktion und Pyroelektrizität.*
Gleichung(en):   (13.6), (13.107), (13.109)
Lösungshinweis: Die Längenänderung zufolge des piezoelektrischen Effekts sind proportional E, jene zufolge Elektrostriktion proportional E^2. Die Überlagerung beider Effekte ergibt daher:
$\left(\frac{\Delta l}{l}\right)_{\text{Gesamt}} = k'_P \cdot E + k_E \cdot E^2$.
Lösung: a) Inverser piezoelektrischer Effekt: $P = k_P \cdot \frac{\Delta l}{l}$
Elektrostriktion: $\frac{\Delta l}{l} = k_E \cdot E^2$
b) $k'_P = 1,32 \cdot 10^{-10} \ \frac{\text{m}}{\text{V}}$
$k_E = 7,6 \cdot 10^{-19} \ \frac{\text{m}^2}{\text{V}^2}$

14. Magnetische Werkstoffeigenschaften

Dieses, insbesondere beim Ferromagnetismus überaus komplexe Gebiet ist seit dem Bestehen der Elektrotechnik von entscheidender Bedeutung. Ohne geeignete Magnetwerkstoffe wäre eine großtechnische elektrische Energiegewinnung und -versorgung undenkbar. Aber auch für die Nachrichtenübertragung bis zu höchsten Frequenzen sowie bei der digitalen und analogen Datenspeichertechnik ist eine Kenntnis der jeweiligen magnetischen Werkstoffeigenschaften unerläßlich. Diese sind allerdings nur unter Betrachtung des quantisierten magnetischen Momentes der Elektronen, über den Atomaufbau bis zum Bindungsmechanismus und der Kristallstruktur zu erfassen.

14.1 Das elektromagnetische Feld

Um das elektrische und magnetische Verhalten der Materie zu beschreiben, verwendet man verschiedene Feldvektoren:

a) Geben Sie die Zusammenhänge zwischen den Feldvektoren in Differentialform (Maxwellgleichungen) an und erläutern Sie die Definitionsgleichungen der verschiedenen Materialkonstanten:

spezifischer elektrischer Widerstand,

Dielektrizitätszahl (Permittivität),

elektrische Suszeptibilität,

magnetische Permeabilität und

magnetische Suszeptibilität.

b) In welchen Einheiten werden die Feldvektoren und die Materialkonstanten gemessen?

c) Was kann man über die Feldvektoren $\vec{E}$ und $\vec{D}$ an Grenzflächen (ε_1, ε_2) aussagen?

d) Was kann man über die Feldvektoren $\vec{H}$ und $\vec{B}$ an Grenzflächen (μ_1, μ_2) aussagen?

e) Worauf ist die elektrische bzw. die magnetische Polarisation der Materie zurückzuführen?

Themen: *Das dielektrische Verhalten der Materie; Das magnetische Verhalten der Materie.*

14.2 Magnetisches Verhalten der Metalle

a) Geben Sie die Zusammenhänge zwischen $\vec{B}$, $\vec{H}$, $\vec{I}$ und $\vec{M}$ an.

b) Leiten Sie das magnetische Bahnmoment eines Elektrons ab.

c) Erklären Sie kurz die Begriffe "magnetomechanischer Parallelismus", "Bohrsches Magneton" und "gyromagnetisches Verhältnis".

d) Worin besteht die magnetomechanische Anomalie?

e) Welche Regeln bestimmen das magnetische Moment eines Atoms mit mehreren Elektronen?

f) Wodurch unterscheidet sich das Gesamtmoment eines freien und eines im Kristallgitter eingebauten Eisenatoms?

Thema: *Das magnetische Verhalten der Materie.*

14.3 Magnetisches Spinmoment

Das Produkt aus gyromagnetischem Verhältnis und Drehimpuls führt beim Elektron bekanntlich nur auf das halbe magnetische Spinmoment (magnetomechanische Anomalie).

a) Berechnen Sie das magnetische Spinmoment des Elektrons.

b) Um welchen Energiewert unterscheidet sich in einem Feld von $H = 4,77 \cdot 10^5 \, \text{A/m}$ ein feldparalleler Spin von einem feldantiparallelen Spin?

Thema: *Das magnetische Verhalten der Materie.*
Gleichung(en): (14.21), (14.29)
Lösung: a) $m_{z,\,\text{Spin}} = 9,27 \cdot 10^{-24} \, \text{Am}^2$
b) $\Delta W = 1,11 \cdot 10^{-23} \, \text{J}$

14.4 Erscheinungsformen des Magnetismus

Erläutern Sie
a) den Antiferromagnetismus,
b) den Ferrimagnetismus und
c) den Metamagnetismus.

Skizzieren Sie jeweils $\chi(T)$ und $M(H)$ sowie die Lage der atomaren Dipole. Geben Sie Anwendungsbeispiele für den Ferrimagnetismus sowie seine vor- und nachteiligen Eigenschaften an.

Themen: *Das magnetische Verhalten der Materie; Magnetische Sonderwerkstoffe.*

Lösung: b) Vorteil: großer spezifischer Widerstand $\rightarrow$ geringe Wirbelstromverluste
Nachteil: allgemein geringere Sättigungsmagnetisierung als bei ferromagnetischen Stoffen $\rightarrow$ größerer Querschnitt der Kerne bei gleicher Frequenz.

14.5 Diamagnetische Suszeptibilität

Beschreiben Sie den Diamagnetismus. Leiten Sie das magnetische Moment her, welches durch die Larmor-Präzession verursacht wird, und bestimmen Sie die Suszeptibilität für diamagnetisches Material bei vernachlässigbarer zwischenatomarer Wechselwirkung.

Wählen Sie passende Zahlenwerte und schätzen Sie die Größenordnung für das magnetische Moment und für die Suszeptibilität bei einer magnetischen Induktion von $B = 1\,\mathrm{T}$ ab.

Thema: *Diamagnetismus.*

14.6 Magnetisierung eines diamagnetischen Gases

Berechnen Sie unter Vernachlässigung der zwischenatomaren Wechselwirkung den Magnetisierungsbetrag M von $1\,\mathrm{cm}^3$ eines diamagnetischen Gases mit der Ordnungszahl $Z = 2$ bei einem Druck von $101\,325\,\mathrm{Pa}$ ($\doteq 760\,\mathrm{Torr} \doteq 1$ physikalische Atmosphäre), bei einer Temperatur von $0\,^\circ\mathrm{C}$ und im einwirkenden Feld $B = 2\,\mathrm{Vs/m}^2$.
Der Bohrsche Atomradius sei $r' = 5,29 \cdot 10^{-11}\,\mathrm{m}$.

Themen: *Das Verhalten idealer Gase; Diamagnetismus.*
Gleichung(en):   (4.7), (14.25), (14.26)
Lösung: $M = -2,12 \cdot 10^{-3}\,\mathrm{A/m}$

14.7 Paramagnetische Suszeptibilität

Beschreiben Sie den Paramagnetismus. Leiten Sie für den Paramagnetismus bei vernachlässigbarer zwischenatomarer Wechselwirkung die Theorie von Langevin ab und zeigen Sie, auf welche Weise man hieraus das Curiesche Gesetz erhält.

Thema: *Paramagnetismus.*

14.8 Magnetisches Atommoment

Berechnen Sie aus den Atomradien und aus den Sättigungswerten der Polarisation das Atommoment in Bohrschen Magnetons für a) Eisen, b) Nickel und c) Kobalt.
(Skizzieren Sie die Elementarzellen.)

	I_S	Atomradien	Kristallstruktur
Eisen	$2,18\,\mathrm{Vs/m}^2$	$1,241 \cdot 10^{-10}\,\mathrm{m}$	krz
Nickel	$0,64\,\mathrm{Vs/m}^2$	$1,245 \cdot 10^{-10}\,\mathrm{m}$	kfz
Kobalt	$1,81\,\mathrm{Vs/m}^2$	$1,248 \cdot 10^{-10}\,\mathrm{m}$	hex

Thema: *Ferromagnetismus.*
Gleichung(en):   (14.54)

Lösung: a) $m_{Fe} = 2,20 \cdot \mu_B$
         b) $m_{Ni} = 0,60 \cdot \mu_B$
         c) $m_{Co} = 1,71 \cdot \mu_B$

14.9 Die Weißsche Theorie

Leiten Sie die Weißsche Theorie der spontanen Magnetisierung ab. Zeigen und erläutern Sie, von welchem Ansatz P. Weiß ausgegangen ist, und führen Sie im Detail den Rechengang durch, der zur modifizierten Langevin-Theorie geführt hat. Was besagt das Ergebnis, auf welche Weise kann es experimentell verifiziert werden?

Thema: *Ferromagnetismus.*

14.10 Theoretische Koerzitivfeldstärke

Von einem ferromagnetischen Material kennt man:
$m = 1,7\,\mu_B$, $N = 9 \cdot 10^{28}\ \text{m}^{-3}$ und $w = 4 \cdot 10^8\ \text{Am/Vs}$.

a) Bestimmen Sie aus der Theorie von Weiß für dieses Material die theoretische Koerzitivfeldstärke der Austauschwechselwirkung ($T = 300\,\text{K}$).

b) Geben Sie einen typischen Wert für die Koerzitivfeldstärke eines hartmagnetischen Werkstoffs an.

c) Vergleichen Sie die beiden Werte und geben Sie hierfür eine Erklärung.

Thema: *Ferromagnetismus.*
Gleichung(en): (13.37), (14.52), (14.53)
Lösungshinweis: Die theoretische Koerzitivfeldstärke ist nach der Theorie von Weiß die größte negative Feldstärke, bei der noch ein Schnittpunkt zwischen $I = \mu_0 Nm \cdot L(\beta)$ und $I = \frac{kT}{wm\mu_0}\beta - \frac{H}{w}$ im ersten Quadranten existiert. Brechen Sie die Sie die Reihenentwicklung von $L(\beta)$ nach dem Glied mit β^5 ab. (Für größere negative magnetische Feldstärken existiert dann ein stabiler Schnittpunkt im dritten Quadranten.)

Lösung: a) $\beta(H_C) = 0,821 \rightarrow H_C = -1,53 \cdot 10^7\ \frac{A}{m}$

b) Tab. 14.4 $\rightarrow_B H_C = (10^3 \ldots 10^5)\ \frac{A}{m}$

c) 1) Voraussetzung bei Weißscher Theorie: keine Domänenstruktur $\rightarrow$ Eindomänenpartikel

$\Rightarrow$ größere Feldstärke notwendig, weil gesamte Magnetisierung auf einmal umklappt. (Die Austauschenergie muß überwunden werden.)

$\Rightarrow$ Anwendung in der Praxis: Partikel auf Tonband

72

2) Hartmagnetische Materialien: Domänenstruktur
mit Sättigungsmagnetisierung in den einzelnen
Domänen.

$\Rightarrow$ Feldstärke bewirkt hauptsächlich Wandverschiebungen über Störstellen und Drehprozesse gegen
die Anisotropieenergie.

Aus 1) und 2): Zahlenwerte für die Koerzitivfeldstärke sind nicht direkt vergleichbar!

14.11 Die Curietemperatur

Die Weißsche Theorie führt bekanntlich auf die beiden Gleichungen

$$I = \mu_0 N m L(\beta) \quad \text{und} \quad I = \frac{kT}{w m \mu_0}\beta - \frac{H}{w} \ .$$

Leiten Sie hieraus die Gleichung der Curietemperatur her und begründen
Sie Ihre Vorgangsweise.

Wie groß ist hiernach die Curietemperatur von Eisen?

(Ein Kubikmeter enthält 10^{29} Dipole. Das magnetische Moment eines Dipols
ist $2,157 \cdot \mu_B$ und $w = 6,85 \cdot 10^8$ Am/Vs.)

Thema: *Ferromagnetismus.*
Gleichung(en):   (14.55) ... (14.58)
Lösung: $\vartheta_C = 772°\text{C}$

14.12 Das Curie-Weiß-Gesetz

Die Weißsche Theorie führt bekanntlich auf die beiden Gleichungen

$$I = \mu_0 N m L(\beta) \quad \text{und} \quad I = \frac{kT}{w m \mu_0}\beta - \frac{H}{w} \ .$$

a) Leiten Sie hieraus das Curie-Weiß-Gesetz ab und erklären Sie es.

b) Erklären Sie die physikalische Bedeutung der Fälle $T > T_C, T = T_C$ und $T < T_C$.

Thema: *Ferromagnetismus.*

14.13 Magnetische Anisotropie

Was versteht man unter der magnetischen Anisotropie?

Welche Arten der Anisotropie kennen Sie und auf welche Ursachen gehen
sie zurück?

Leiten Sie die Kristallanisotropie kubischer Kristalle ab.

Thema: *Ferromagnetismus.*

14.14 Kristallanisotropieenergieflächen

Geben Sie die Gleichungen der Kristallanisotropie für kubische und hexago-
nale ferromagnetische Kristalle an.

Was sagen die Kristallenergieflächen aus und wie bestimmt man sie?

Beschreiben Sie anhand von Zeichnungen (Schnitt durch $\{1\,1\,0\}$-Ebenen),
wie die Kristallenergieflächen von Eisen, Kobalt und Nickel aussehen.

In welcher Weise haben die Kristallenergieflächen einen Einfluß auf die Ausbildung der Weißschen Bezirke?

Thema: *Ferromagnetismus.*

14.15 Kristallanisotropiekonstanten

Schätzen Sie aus der Magnetisierungskurve die Werte der Anisotropiekon-
stanten K_0, K_1 und K_2 für FeSi und Kobalt ab. (Die Sättigungsmagnetisierung von $3,85\,\%$ FeSi beträgt $1,62 \cdot 10^6$ A/m.)

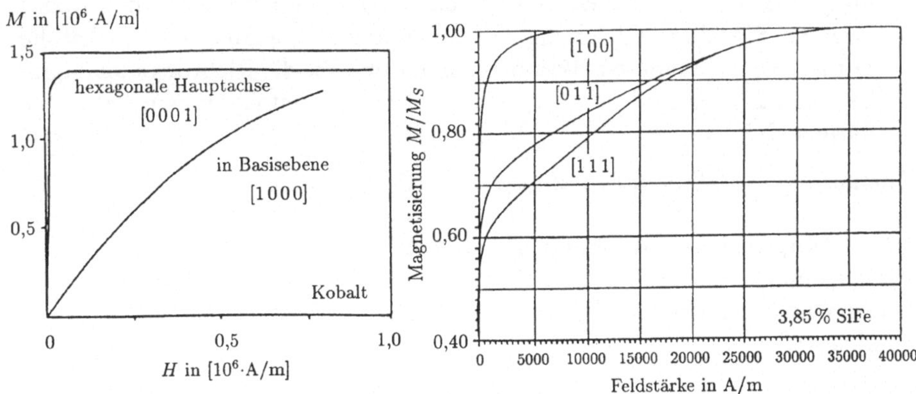

Thema: *Ferromagnetismus.*
Gleichung(en):   (14.65), (14.67), (14.72)
Lösungshinweis: Die Magnetisierungsenergie je Volumen ergibt sich zu $W =$
                  $\mu_0 \int H \cdot dM$ (proportional zur Fläche zwischen Magnetisie-
                  rungskurve und M-Achse) und ist gleich der Kristallani-
                  sotropieenergie in der jeweiligen Magnetisierungsrichtung.
                  (Die Werte von K_2 können durch geringe Ableseungenau-
                  igkeiten stark variieren.)
Lösung: FeSi: $K_0 \approx 600\,\frac{J}{m^3}$, $K_1 \approx 30\,000\,\frac{J}{m^3}$, $K_2 \approx \pm 9\,000\,\frac{J}{m^3}$
                  Kobalt: $K_{u0} \approx 15\,000\,\frac{J}{m^3}$, $K_{u1} + K_{u2} \approx 600\,000\,\frac{J}{m^3}$

14.16 Magnetische Anisotropie im kubischen Kristall

Die magnetische Anisotropie kubischer Kristalle wird durch die Kristall-
energiekonstanten K_0, K_1 und K_2 bestimmt ($K_0 > 0$, $K_1 > 0$). Welche

Bedingung muß K_2 erfüllen, damit die $\langle 1\,1\,0 \rangle$-Richtungen leichter zu magnetisieren sind als die $\langle 1\,1\,1 \rangle$-Richtungen?

Thema: *Ferromagnetismus.*
Gleichung(en):   (14.67), (14.72)
Lösung: $K_2 > -\frac{9}{4} \cdot K_1$

14.17 Spannungsanisotropie

Bei der Besprechung der inversen Magnetostriktion haben wir für die Energiedichte der Spannungsanisotropie die Gleichung

$$E_\sigma = -\frac{3}{2}\lambda_{100}\sigma(\alpha_1^2\gamma_1^2+\alpha_2^2\gamma_2^2+\alpha_3^2\gamma_3^2)-3\lambda_{111}\sigma(\alpha_1\alpha_2\gamma_1\gamma_2+\alpha_2\alpha_3\gamma_2\gamma_3+\alpha_3\alpha_1\gamma_3\gamma_1)$$

kennengelernt.

a) Erklären Sie anhand der Gleichung, welchen Einfluß mechanische Spannungen haben. Welche Konsequenzen haben diese Effekte für die Praxis?

b) Wenden Sie obige Gleichung der Spannungsanisotropie auf Werkstoffe mit isotroper Magnetostriktion an. Erläutern Sie die Richtungsabhängigkeit von E_σ anhand von Skizzen. Welche Schlußfolgerungen leiten Sie daraus ab?

Thema: *Ferromagnetismus.*

14.18 Magnetische Anisotropie in FeSi

Ein ferromagnetischer FeSi-Einkristall, bei dem Wandverschiebungen bereits bei verschwindend kleinen Feldstärken ablaufen, wird in [1 1 0]-Richtung magnetisiert:

$$K_1 = 2,8 \cdot 10^4 \,\frac{\mathrm{J}}{\mathrm{m}^3}, \quad K_2 = -9 \cdot 10^3 \,\frac{\mathrm{J}}{\mathrm{m}^3}, \quad \lambda_{100} = 20 \cdot 10^{-6} = \lambda_{111}$$

a) Wie groß müßte eine in derselben Richtung angelegte Zugspannung mindestens sein, damit die dabei aufzuwendende Magnetisierungsarbeit kleiner als jene für den Fall der Magnetisierung in Vorzugsrichtung wird?

b) Ist ein solcher Wert der Zugspannung technisch erreichbar? ($\sigma_B(\mathrm{FeSi}) \approx 10^2 \,\frac{\mathrm{N}}{\mathrm{mm}^2}$) Nehmen Sie an, daß die Probe als Draht mit $1\,\mathrm{mm}^2$ Querschnitt ausgebildet ist, und berechnen Sie ein dieser Belastung entsprechendes Gewicht.

c) Man ermittle den Verlauf der Magnetisierungslinie in [1 1 0]-Richtung bei Anlegen der unter Punkt a) errechneten Zugspannung (Skizze, Begründung).

Themen: *Elastizität, Plastizität und Härte; Ferromagnetismus.*

Gleichung(en):   (14.72), (14.85), (14.86), (14.94)

Lösungshinweis: Beachten Sie, daß die sich einstellende leichte Richtung
(Richtung der spontanen Magnetisierung bei verschwindender Feldstärke) aus der Überlagerung von Kristallanisotropieenergie und Spannungsanisotropieenergie resultiert.

Lösung: a) $\sigma_{\min} = 4,67 \cdot 10^8 \, \mathrm{N/m^2}$

b) Technisch schwer erreichbarer Wert für $\sigma_{\min}$, da $\sigma_{\min}$
in der Größenordnung der Zugfestigkeit σ_B liegt
$(m = 48\,\mathrm{kg})$.

c) Durch Anlegen von $\sigma_{\min}$ ist [1 1 0]-Richtung leichte
Richtung $\rightarrow I = I_s$ für alle $H > 0$ und $I = -I_s$ für alle
$H < 0$.

14.19 Magnetostriktionskonstanten von Nickel

Eine Einkristallkugel aus Nickel wird in zwei verschiedenen Richtungen bis
in die Sättigung magnetisiert. Die erste Magnetisierungsrichtung liegt im
ersten Oktanten in der $(1\,\bar{1}\,0)$-Ebene und schließt mit der $[0\,0\,1]$-Richtung
einen Winkel von 45° ein.

Die zweite Magnetisierungsrichtung liegt gleichfalls im ersten Oktanten in
der $(1\,\bar{1}\,0)$-Ebene, sie steht jedoch senkrecht auf die $[0\,0\,1]$-Richtung. Mißt
man in $[1\,0\,1]$-Richtung die magnetostriktionsbedingten Verzerrungen, dann
ergeben sich für $\frac{\Delta l}{l}$ die Werte $-15,16 \cdot 10^{-6}$ bzw. $+6,35 \cdot 10^{-6}$.

Wie groß sind die Magnetostriktionskonstanten?

$$\frac{\Delta l}{l} = \frac{3}{2}\lambda_{100}\left(\alpha_1^2\beta_1^2 + \alpha_2^2\beta_2^2 + \alpha_3^2\beta_3^2 - \frac{1}{3}\right) + 3\lambda_{111}\left(\alpha_1\alpha_2\beta_1\beta_2 + \alpha_2\alpha_3\beta_2\beta_3 + \alpha_3\alpha_1\beta_3\beta_1\right)$$

Thema: *Ferromagnetismus.*
Gleichung(en): (14.78)
Lösung: $\lambda_{100} = -50,8 \cdot 10^{-6}$
$\lambda_{111} = -22,6 \cdot 10^{-6}$

14.20 Domänenstruktur

a) Geben Sie eine Definition, was man unter einem Weißschen Bezirk versteht.

b) Erläutern Sie an Beispielen, warum sich Bezirksstrukturen im Kristall
ausbilden.

c) Beschreiben Sie Primärstrukturen.

d) Was sind Sekundärstrukturen und welche Aufgaben haben sie?
Geben Sie Beispiele und erklären Sie diese. Gehen Sie auf die Probleme
der Streufelder ein.

e) Wie sehen Bezirksstrukturen in polykristallinem Material aus? Welche Schlüsse können Sie hieraus für das makroskopische magnetische Verhalten ziehen?

f) Beschreiben Sie die Barkhausensprünge.

Thema: *Ferromagnetismus.*

14.21 Magnetostriktionskonstanten von NiFe-Legierungen

Aufgrund von Magnetostriktionsmessungen hat man bei Raumtemperatur in [1 0 0]-, [1 1 0]- und [1 1 1]-Richtung die Werte

Werkstoff	λ_{100}	λ_{110}	λ_{111}
a) Ni	$-50,8 \cdot 10^{-6}$	$-30,4 \cdot 10^{-6}$	$-22,6 \cdot 10^{-6}$
b) 78 % Ni+22 % Fe (abgeschreckt)	$9,9 \cdot 10^{-6}$	$3,7 \cdot 10^{-6}$	$1,7 \cdot 10^{-6}$
c) 78 % Ni+22 % Fe (langsam abgekühlt)	$13,0 \cdot 10^{-6}$	$5,0 \cdot 10^{-6}$	$1,8 \cdot 10^{-6}$

festgestellt. Man überprüfe und erkläre die Abweichungen der λ_{110}-Werte anhand der Gleichung

$$\frac{\Delta l}{l} = \frac{3}{2}\lambda_{100}(\alpha_1^2\beta_1^2+\alpha_2^2\beta_2^2+\alpha_3^2\beta_3^2-\frac{1}{3})+3\lambda_{111}(\alpha_1\alpha_2\beta_1\beta_2+\alpha_2\alpha_3\beta_2\beta_3+\alpha_3\alpha_1\beta_3\beta_1).$$

Thema: *Ferromagnetismus.*
Gleichung(en): (14.78)
Lösung: $\lambda_{110_r} = \frac{1}{4}\lambda_{100} + \frac{3}{4}\lambda_{111}$ (λ_{110_r} wird aus den gemessenen Werten von λ_{100} und λ_{111} berechnet)
a) $\lambda_{110_r} = -29,7 \cdot 10^{-6}$
b) $\lambda_{110_r} = +3,75 \cdot 10^{-6}$
c) $\lambda_{110_r} = +4,60 \cdot 10^{-6}$

14.22 Bezirksstrukturen von Magnetblechen

a) Erklären Sie, auf welche Weise man mit Hilfe der Pulvermustertechnik die Magnetisierungsprozesse in ferromagnetischen Werkstoffen sichtbar machen kann.

b) Geben Sie Beispiele an, wie komplexe Bezirksstrukturen aussehen.

c) Erläutern Sie, welche Bezirksstrukturen bei Würfeltextur und bei Gosstextur im unmagnetischen Fall vorliegen können.

d) Zeigen Sie, was beim Ummagnetisieren mit der Bezirksstruktur geschieht.

Thema: *Ferromagnetismus.*

14.23 Phasenregel

a) Gehen Sie auf den Magnetisierungsprozeß ein und erläutern Sie die Wandverschiebungen und Drehprozesse.
b) Erklären Sie anhand der Gesamtenergie die einzelnen Energieterme und den Gleichgewichtszustand.
c) Welche Annahmen wurden bei der Phasenregel getroffen?
Skizzieren Sie den mit der Phasenregel berechneten Verlauf der Magnetisierungslinien einer SiFe-Legierung und von Kobalt und vergleichen Sie diese mit den gemessenen Kurven.

Thema: *Ferromagnetismus.*

14.24 Hystereseschleife

Skizzieren und erläutern Sie eine Hystereseschleife mit Neukurve.
Was versteht man unter der Remanenz eines ferromagnetischen Stoffes?
Berechnen Sie die ideale Remanenz von Eisen in [1 0 0]-, [1 1 0]- und [1 1 1]-Richtung.

Thema: *Ferromagnetismus.*
Gleichung(en): (14.109), (14.118) ... (14.121)
Lösung: Abb. 14.48, Abb. 14.49

$$I_{R[100]} = I_{sp}; \quad I_{R[110]} = I_{sp}/\sqrt{2}; \quad I_{R[111]} = I_{sp}/\sqrt{3}$$

14.25 Magnetisierungskurve eines FeSi-Einkristalls

a) Berechnen Sie aus der Kristallanisotropieenergie und der potentiellen Energie den allgemeinen Ausdruck für die Magnetisierungskurve in [1 1 0]-Richtung bei einem kubischen Kristall.
b) Wenden Sie das Ergebnis auf einen 3,85 % SiFe-Einkristall an, für den $K_1 = 28 \cdot 10^3 \, \mathrm{J/m^3}$, $K_2 = 10 \cdot 10^3 \, \mathrm{J/m^3}$ und $I_S = 2 \, \mathrm{T}$ gilt.
Rechnen Sie fünf Werte der Magnetisierungskurve nach.
Wie hoch ist die ideale Remanenz?
Bei welcher Feldstärke tritt Sättigung ein?
Vergleichen Sie Ihre Rechnung mit den unten angegebenen experimentellen Daten.
Wodurch sind die Abweichungen zu erklären?

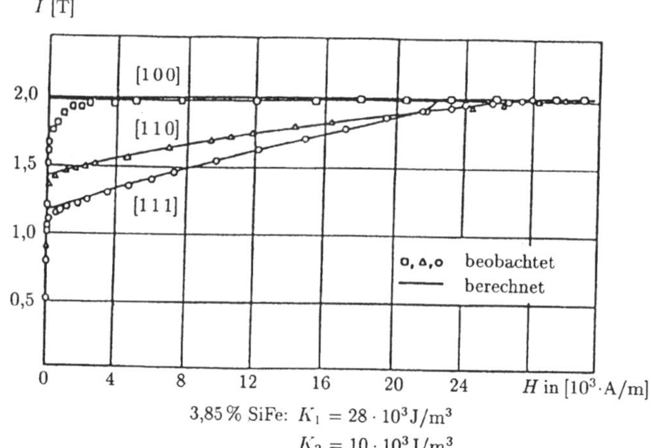

$$3,85\,\%\ \text{SiFe:}\ K_1 = 28 \cdot 10^3\,\text{J/m}^3$$
$$K_2 = 10 \cdot 10^3\,\text{J/m}^3$$

Thema: *Ferromagnetismus.*
Gleichung(en): (14.125) ... (14.132)
Lösung: a) $H = \dfrac{K_1 \cdot \sin(4\varphi_I)}{2 I_{sp} \cdot \sin(45° - \varphi_I)}$, $I_H = I_{sp} \cdot \cos(45° - \varphi_I)$

b) ideale Remanenz: $H = 0$, $I_R = 1,41\,\text{T}$

Sättigung: $I_H = I_S$, $H = 28\,000\,\frac{\text{A}}{\text{m}}$

Die Abweichungen sind auf Gitterfehler und Sekundär-strukturen zurückzuführen, da diese im Rechnungsansatz nicht berücksichtigt werden.

14.26 Torsionsmagnetometer

Bringt man eine (1 1 0)-Einkristallscheibe aus Eisen ($V = 1\,\text{cm}^3$) mit einer Sättigungspolarisation von $I_S = 2\,\text{T}$ in ein Torsionsmagnetometer ein, so ergibt die Rechnung für das Drehmoment der Volumseinheit

$$L = -K_1(2\sin 2\varphi + 3\sin 4\varphi) \cdot \frac{1}{8} + K_2(\sin 2\varphi - 4\sin 4\varphi - 3\sin 6\varphi) \cdot \frac{1}{64}\ ,$$

wobei φ der Winkel zwischen der Sättigungsmagnetisierung und der [0 0 1]-Richtung ist. Die untenstehende Tabelle enthält die experimentell ermittelten Drehmomentwerte.

$\varphi[°]$	0	10	20	30	40	50	60	70	80	90
$L \cdot 10^3$ [Nm]	0	−16,1	−25,9	−26,2	−17,8	−5,3	+5,5	+10,2	+7,5	0

a) Berechnen Sie, wie die Torsionskurve aussehen würde, wenn man in das Torsionsmagnetometer eine (1 0 0)-Einkristallscheibe des gleichen Materials eingelegt hätte, und skizzieren Sie den ungefähren Verlauf von $L(\varphi)$ für diesen Fall.

b) Berechnen Sie die Magnetisierungslinie für diesen Werkstoff in [1 1 0]-Richtung aus der Kristallanisotropieenergie und der potentiellen Feldenergie.

Thema: *Ferromagnetismus.*
Gleichung(en):   (14.64), (14.67), (14.72), (14.125) ... (14.132)

Lösung: a) $K_1 = 48\,000\ \frac{\text{J}}{\text{m}^3},\ K_2 = -5\,000\ \frac{\text{J}}{\text{m}^3},$
$$L(\varphi) = -\frac{K_1}{2} \cdot \sin(4\varphi)$$
b) $H = \frac{K_1 \cdot \sin(4\varphi_I)}{2 I_{sp} \cdot \sin(45° - \varphi_I)},\ I_H = I_{sp} \cdot \cos(45° - \varphi_I)$

14.27 Uniaxiale Anisotropie

a) Berechnen Sie aus Kristallanisotropieenergie und potentieller Energie den allgemeinen Ausdruck für die Magnetisierungslinie von Substanzen mit uniaxialer Anisotropie.

b) An eine Kobaltprobe (uniaxiale Anisotropie, $K_{u1} = 530 \cdot 10^3$ J/m^3) wird senkrecht zur Vorzugsrichtung ein Feld von $2,5 \cdot 10^5$ A/m gelegt. Man mißt eine Polarisation von $0,765$ T. Welche Polarisation stellt sich ein, wenn in Vorzugsrichtung magnetisiert wird?

Thema: *Ferromagnetismus.*
Gleichung(en):   (14.65), (14.136) ... (14.144)
Lösung: a) $H = \frac{K_{u1} \cdot \sin(2\varphi_I)}{I_{sp} \cdot \sin(\varphi_H - \varphi_I)},\ I = I_{sp} \cdot \cos(\varphi_H - \varphi_I)$
b) $I_{sp} = 1,79$ T

14.28 Magnetisierungslinie von Kobalt

a) Berechnen Sie aus der Kristallanisotropieenergie und der potentiellen Energie den allgemeinen Ausdruck für die Magnetisierungslinie von Substanzen mit uniaxialer Anisotropie.

b) Berechnen Sie die Magnetisierungslinie von der negativen bis zur positiven Sättigung für einen Kobaltkristall, wenn die magnetische Feldstärke $\vec{H}$ mit der hexagonalen Hauptachse einen Winkel von 60° einschließt. Setzen Sie bei Ihrer Rechnung voraus, daß es sich um kugelförmige Eindomänenpartikel handelt.
Stellen Sie die Magnetisierungslinien in einem Diagramm dar. (Wählen Sie für die Skalierung der Koordinatenachsen eine geeignete Normierung.)

c) Wie groß müssen obige Partikel sein, damit sich keine Domänenstruktur aufbauen kann? Wie hoch ist die Koerzitivfeldstärke?
$(K_{u1} = 530 \cdot 10^3\ \frac{\text{J}}{\text{m}^3},\ I_s = 1,79$ T$)$.

Thema: *Ferromagnetismus.*
Gleichung(en):   (14.136) ... (14.174)

Lösungshinweis: b) Bei Eindomänenpartikel gibt es keine Wandverschiebungen, es wird sich also bei einer bestimmten Feldstärke ($\frac{d^2 E}{d\varphi_I^2} = 0$) sprunghaft die Polarisation ändern $\rightarrow$ Hysterese. Ähnliche Partikel finden zum Beispiel (in stabförmiger Ausbildung $\rightarrow$ Formanisotropie) Anwendung als Speichermedium bei Disketten.

Lösung:

a) $H = \frac{K_{u1} \cdot \sin(2\varphi_I)}{I_{sp} \cdot \sin(\varphi_H - \varphi_I)}$, $I = I_{sp} \cdot \cos(\varphi_H - \varphi_I)$

b) $\frac{H \cdot I_{sp}}{K_{u1}} = \frac{\sin(2\varphi_I)}{\sin(60° - \varphi_I)}$, $\frac{I}{I_{sp}} = \cos(60° - \varphi_I)$

c) Die Abmessungen des Partikels dürfen nur wenige Wanddicken (einige tausend Atomdurchmesser) betragen.

$$H_c = H(I = 0) = 0,866 \cdot \frac{K_{u1}}{I_{sp}} = 2,56 \cdot 10^5 \, \frac{A}{m}$$

14.29 Magnetisierung eines uniaxial anisotropen Einkristalls

a) Berechnen Sie aus der Kristallanisotropieenergie und der potentiellen Energie den allgemeinen Ausdruck für die Magnetisierungslinie einer Substanz mit uniaxialer Anisotropie. Setzen Sie bei Ihrer Rechnung voraus, daß man bei dieser Substanz die Wandverschiebung schon mit verschwindend kleinen Energiewerten auslösen kann. Wenden Sie Ihre Gleichung auf die beiden Fälle an:

b) der Kristall wird in leichter Richtung magnetisiert,

c) der Kristall wird in schwerer Richtung magnetisiert.

d) Stellen Sie die Magnetisierungslinien in einem normierten Schaubild dar.

Thema: *Ferromagnetismus.*

Gleichung(en): (14.136) ... (14.144)

Lösung:

a) $H = \frac{K_{u1} \cdot \sin(2\varphi_I)}{I_{sp} \cdot \sin(\varphi_H - \varphi_I)}$, $\qquad I = I_{sp} \cdot \cos(\varphi_H - \varphi_I)$

b) $\varphi_I = \varphi_H = 0$, $I = I_{sp}$

c) $\varphi_H = 90°$, $\qquad I = \frac{I_{sp}^2}{2K_{u1}} \cdot H$ für $H < \frac{2K_{u1}}{I_{sp}}$

$\qquad\qquad\qquad I = I_{sp}$ für $H > \frac{2K_{u1}}{I_{sp}}$

d) Abb. 14.45

14.30 Beeinflussung von Magnetisierungskurven

Geben Sie eine Übersicht über die makroskopisch beobachtbaren ferromagnetischen Eigenschaften.

a) Skizzieren und kommentieren Sie eine Hystereseschleife und eine Neukurve.

b) Wie werden die verschiedenen Suszeptibilitäten gemessen (Skizze)?

c) Wie kann man eine magnetische Probe entmagnetisieren (Skizze)?

d) Wie erhält man die ideale (anhysteretische) Magnetisierungskurve (Skizze)?

e) Skizzieren Sie die Temperaturabhängigkeit der Sättigungspolarisation von Nickel.

f) Erläutern Sie die Auswirkungen des Glühens ohne bzw. mit longitudinalem und transversalem Magnetfeld auf die Hystereseschleife.

Thema: *Ferromagnetismus.*

14.31 Suszeptibilität und Hystereseschleife

a) Diskutieren Sie die Suszeptibilität.
Definieren Sie die Anfangssuszeptibilität, die reversible Suszeptibilität und die Überlagerungssuszeptibilität und gehen Sie analog bei der Definition der Permeabilität vor.

b) Diskutieren Sie den Einfluß mechanischer Spannungen auf die Hystereseschleife.

Thema: *Ferromagnetismus.*

14.32 Weich- und hartmagnetische Stoffe

Geben Sie für weichmagnetische und für hartmagnetische Stoffe zwei typische Werkstoffbeispiele an. Erläutern Sie, für welche Zwecke diese Werkstoffe in der Elektrotechnik eingesetzt werden.

Nennen Sie die Zusammensetzung und geben Sie auch die wichtigsten magnetischen Kenngrößen und Eigenschaften an.

Erläutern Sie, wie man diese magnetischen Kenngrößen messen könnte.

Themen: *Das magnetische Verhalten der Materie; Magnetische Sonderwerkstoffe.*

Literatur

Anregungen zu den hier angeführten Aufgaben haben wir insbesondere aus folgenden Werken entnommen:

ANDERSON, J.C., LEAVER, K.D., ALEXANDER, J.M., RAWLINGS, R.D.: Materials Science.
Thomas Nelson and Sons. London, 1974.

AZAROFF, L.V.: Introduction to Solids.
McGraw-Hill. New York-Toronto-London, 1960.

AZAROFF, L.V., BROPHY, J.J.: Electronic Processes in Materials.
McGraw-Hill. New York, 1963.

BEEFORTH, T.H., GOLDSMID, H.J.: Physics of Solid State Devices.
Pion. London, 1970.

BERGMANN, L., SCHÄFER, C.: Lehrbuch der Experimentalphysik.
Aufbau der Materie.
Walter de Gruyter. Berlin-New York, 1975.

BÖHM, H.: Einführung in die Metallkunde.
Bibliographisches Institut. Mannheim-Wien-Zürich, 1968.

CHIKAZUMI, S.: Physics of Magnetism.
John Wiley and Sons. New York-London-Sydney, 1964.

FINKELNBURG, W.: Einführung in die Atomphysik.
Springer. Berlin-Heidelberg-New York, 1967.

FLINN, R.A., TROJAN, P.K.: Engineering Materials and Their Applications.
Houghton Mifflin Company. Boston, 1975.

GUY, A.G.: Metallkunde für Ingenieure.
Akademische Verlagsgesellschaft. Frankfurt, 1970.

HANSEN, M.: Constitution of Binary Alloys.
McGraw-Hill. New York-Toronto-London, 1958.

HÜTTE: Taschenbuch der Werkstoffkunde (Stoffhütte).
Verlag Wilhelm Ernst und Sohn. Berlin-München, 1967.

KITTEL, C.: Einführung in die Festkörperphysik.
R. Oldenbourg. München, 1969.

MÜLLER, R.: Grundlagen der Halbleiter-Elektronik.
Springer. Berlin-Heidelberg-New York, 1979.

PASCOE, K.J.: Properties of Materials for Electrical Engineers.
John Wiley and Sons. London, 1973.

PAULING, L.: Chemie — eine Einführung.
Verlag Chemie. Weinheim, 1969.

PAULING, L.: Grundlagen der Chemie.
Verlag Chemie. Weinheim, 1973.

SOLYMAR, L., WALSH, D.: Lectures on the Electrical Properties of Materials.
Oxford University Press. Oxford, 1979.

TIEDEMANN, W.: Werkstoffe für die Elektrotechnik.
Fachbuchverlag. Leipzig, 1957.

VAN VLACK, L.H.: Elements of Material Science.
Addison-Wesley. Reading, 1970.

WANG, S.: Solid-State Electronics.
McGraw-Hill. New York, 1966.

WERT, C.A., THOMSON, R.M.: Physics of Solids.
McGraw-Hill. New York, 1964.

Gerhard Fasching

Werkstoffe für die Elektrotechnik

Mikrophysik, Struktur, Eigenschaften

Dritte, verbesserte und erweiterte Auflage
1994. 398 Abbildungen. XXI, 678 Seiten.
Gebunden öS 980,–, DM 140,–
Hörerpreis: öS 784,–
ISBN 3-211-82610-6

Preisänderungen vorbehalten

Die Fortschritte der Werkstoffwissenschaften haben in den letzten Jahren insbesondere die Elektrotechnik grundlegend revolutioniert. Die dritte, völlig neubearbeitete Auflage dieses bewährten Lehrbuches bietet eine moderne Einführung in die Grundlagen der Werkstoffwissenschaften. Der erste Teil des Buches befaßt sich mit dem Aufbau der Stoffe. Der zweite Teil wendet sich den Werkstoffeigenschaften und Phänomenen zu und erklärt sie aus der Struktur der Materie. Mechanische und thermische Werkstoffeigenschaften, elektrische Eigenschaften der Halbleiter, der Metalle und der Isolatoren sowie magnetische Werkstoffeigenschaften werden ausführlich behandelt. Ein umfangreicher Anhang befaßt sich mit der Werkstoffprüfung, mit optischen Werkstoffeigenschaften, mit Kontaktwerkstoffen, mit Verbundwerkstoffen, mit keramischen Bauelementen der Elektrotechnik, mit neuen Supraleitern, mit dem Magnetismus kleiner Teilchen und dünner Schichten, mit elektrochemischen Grundlagen sowie mit dem Fragenbereich Werkstoffe und Umwelt. Die Literaturangaben wurden wesentlich erweitert, und ein besonders ausführliches Sachverzeichnis ermöglicht das schnelle Auffinden der benötigten Information.

Sachsenplatz 4–6, P.O.Box 89, A-1201 Wien · 175 Fifth Avenue, New York, NY 10010, USA
Heidelberger Platz 3, D-14197 Berlin · 3-13, Hongo 3-chome, Bunkyo-ku, Tokyo 113, Japan

Gerhard Fasching

Die empirisch-wissenschaftliche Sicht

1989. 87 Abbildungen. X, 432 Seiten.
Gebunden öS 550,–, DM 78,–
Hörerpreis: öS 440,–
ISBN 3-211-82158-9

Preisänderungen vorbehalten

Der Zugriff der empirischen Wissenschaft stellt sich unter die Forderung des logischen Aufbaues und der empirischen Fundierung. Ein widerspruchsfreies System, bei dem die Erfahrung die Quelle dieses Wissens ist, ist also das Ziel. Hierbei werden Tatsachen durch Begriffe festgehalten, zu Gesetzen verdichtet und für Erklärungen und Voraussagen zielsicher eingesetzt. Das Buch wendet sich diesem Begriffs-, Gesetz- und Erklärungsfundament der „empirisch-wissenschaftlichen Wirklichkeit" zu. Eine Reihe zum Teil erstaunlicher Probleme führt zu der Auffassung, daß die empirisch-wissenschaftliche Sicht in einem erheblichen Ausmaß an die spezielle Methodik ihrer eigenen Konstruktion gebunden ist. Hierdurch erscheint eine Verabsolutierung der empirisch-wissenschaftlichen Sicht zur alleinigen Wahrheit immer fragwürdiger, und es öffnet sich der Pfad zu einer pluralistischen, vielgestaltigen Sicht. Das Buch wendet sich vor allem an den technisch-naturwissenschaftlich interessierten Leser und erörtert an vielen Beispielen den Zugriff der empirischen Wissenschaft.

Sachsenplatz 4–6, P.O.Box 89, A-1201 Wien · 175 Fifth Avenue, New York, NY 10010, USA
Heidelberger Platz 3, D-14197 Berlin · 3-13, Hongo 3-chome, Bunkyo-ku, Tokyo 113, Japan

Gerhard Fasching

Sternbilder und ihre Mythen

Zweite, verbesserte Auflage.
1994. 89 Abbildungen. VIII, 310 Seiten.
Gebunden öS 485,–, DM 69,–
Hörerpreis: öS 388,–
ISBN 3-211-82552-5

Preisänderungen vorbehalten

„…Wem bei seinen philosophischen Höhenflügen allerdings die einfachsten Grundlagen fehlen, wer sich am Himmel ähnlich zurechtfindet wie ein Amazonasindianer im Großstadtverkehr, dem seien die 'Sternbilder und ihre Mythen' ans Herz gelegt, die der Wiener Universitätsprofessor Gerhard Fasching zusammengestellt hat … . Da werden Wegweiser-Sternkarten für das ganze Jahr gezeigt, die auch einem astronomischen Ignoranten die nächtliche Orientierung ermöglichen. Daneben werden die Sternsagen des Ovid opulent ausgebreitet, das überlieferte Wissen aus verschiedenen Kulturkreisen zitiert und wissenschaftliche Erklärungsmodelle zusammengetragen. Die moderne Weltsicht erscheint dabei nicht als der Weisheit letzter Schluß, sondern nur als derzeit anerkanntes Abbild der Wirklichkeit …"

(Ulrich Schnabel / Die Zeit)

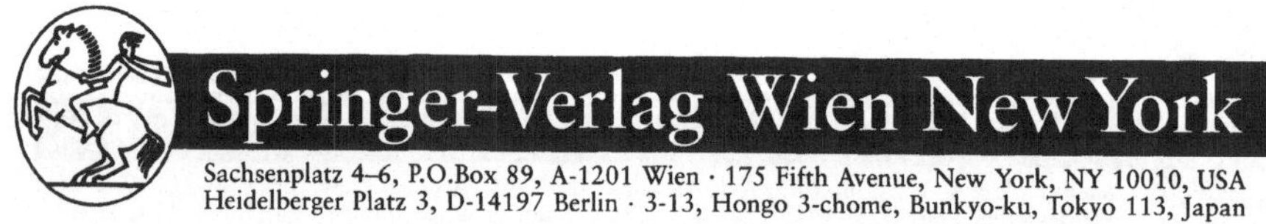

Sachsenplatz 4–6, P.O.Box 89, A-1201 Wien · 175 Fifth Avenue, New York, NY 10010, USA
Heidelberger Platz 3, D-14197 Berlin · 3-13, Hongo 3-chome, Bunkyo-ku, Tokyo 113, Japan